故宫犬经

常福茂 著

故 宫 出 版 社

图书在版编目 (CIP) 数据

故宫犬经 / 常福茂著 . — 北京 : 故宫出版社，
2013.9
ISBN 978-7-5134-0472-3

Ⅰ . ① 故… Ⅱ . ① 常… Ⅲ . ① 犬—驯养 Ⅳ .
① S829.2

中国版本图书馆 CIP 数据核字（2013）第 213399 号

故宫犬经

著　　者：常福茂

责任编辑：王　戈

装帧设计：王　梓　贾玉英

出版发行：故宫出版社

地址：北京市东城区景山前街4号　邮编：100009
电话：010-85007808　010-85007816　传真：010-65129479
网址：www.culturefc.cn　邮箱：ggcb@culturefc.cn

印　　刷：保定市中画美凯印刷有限公司

排　　版：保定市万方数据处理有限公司

开　　本：787毫米×1092毫米　1/16

印　　张：12.5

字　　数：110千字

版　　次：2013年9月第1版
　　　　　2013年9月第1次印刷

印　　数：1～3000册

书　　号：ISBN 978-7-5134-0472-3

定　　价：26.00元

目　录

使用科目的训练

顽疾纠正

比赛规则程序

德国牧羊犬的鉴识与评论

后记

训犬历史

警犬训练体系是 1922 年从德国引进的。陆军少将钱锡霖在癸丑年六月于北京创立了警犬学术研究所,由警犬教员韦威次、锡格和警犬薄利司喀、卢博士组成。

1924 年春,末代皇帝溥仪通过钱锡霖以数千银元从德国柏林购买一条牧羊犬全身为黑色。

中华人民共和国警犬技术是在接收日伪政府和国民党政府警察机构警犬的基础上建立起来的。

1950 年上海市公安局曾举办过一期警犬专业干部训练班,为华东各地培训新中国第一批警犬训导员。

1957 年公安部在沈阳、南京建立了警犬工作干部训练队伍,从前苏联引进了 14 头狼种犬。

1958 年沈阳市第一民警干校警犬队从民主德国购进 6 头德国牧羊犬,通过训练并且繁育了一大批犬,配发给了民警同时也培养了众多的警犬训练员。

1959 年 8 月 15 日,武庆辉在故宫博物院珍宝馆盗窃八页金册和五把金刀一案,北京市公安局成立了专案组,并动用了几头警犬到达了现场。

上世纪 60 年代初警犬在新中国有了较大的发展,在边防侦查、破案、追捕逃犯方面起到了协助作用,也显示了它的独特性。

1966 年 5 月 16 日,文化大革命开始,警犬也未幸免于难,1968 年公安部下令取消警犬基地,警犬被打死。警犬技术干部被调离,警犬在中国大地荡然无存。但军犬得到了保留,边防军的狼犬幸免于难。

党的十一届三中全会以后,警犬基地得以恢复,沈阳、南京、昆明、南昌等先后恢复和新建起了警犬基地,警犬在刑事侦查中发挥了重要作用,警犬训导技术得到了发展。

1987 年 6 月 24 日，韩吉林在故宫博物院珍宝馆养性殿盗"珍妃之印"一案后，故宫博物院也成立了警犬队。

上世纪 90 年代后经济发展了，人们生活水平提高了，狼犬受到了民众的宠爱，但老百姓懂得训犬技术的并不多，所以有识之人，应给爱好者普及一下训犬方面的技术。

训犬三要素

第一节　选犬

养犬就要有所选择，我们的祖先称选犬为相狗术。《本草纲目》中曾言到："狗类甚多，其中有三。田犬，长喙善猎，吠犬，短喙善守；食犬，体肥供馔"。长嘴狗灵动活泼嗅觉灵敏，天性善猎；短嘴狗敦厚沉稳，可供看家护院；大肥狗呢？只能当肉吃啦。

清人的著作《活兽慈舟》，明人的《本草纲目》，对相狗之法都有所提及，且很成熟，但更早些时候有关选犬的文章可以追溯到《庄子》。

《庄子·徐无鬼篇》中言到："下之质，执饱而止，是狸德也；中之质，若视日；上之质，若亡其一"。就是说——下等的狗，一天到晚只求填饱肚子，跟野猫一个德行；中等狗，整天看着天空，不知它在想什么；上等狗就不同了，它忘掉了自身的存在，是不怕死的。请不要把这段只看成是徐无鬼游说魏武侯的哲学记载，这还是一段侧面反映了选犬技术在战国便早已存在的史料，徐无鬼说得明白"尝语君，吾相狗也"——"相狗"，说明那时已有如何选犬的标准了，并且理论成熟。到今天这一衡量犬是否具备训练的优劣标准仍在沿用。《庄子》磅礴，《徐无鬼》篇又在杂篇中，且《庄子》多喜以技艺、科学衍射哲学，如果说庖丁的"目无全牛"是厨技；蜗牛的两只触角"触氏"和"蛮氏"争地而战浮尸数万是微生物学；蛙化蝶……蝶成马……马生人是进化论；那么狗的三个境界和《左传》中宣公的那声"嗾"一样，都是训犬技术在封建王朝以前便已形成成熟体系的重要史料证据。

父亲在世时，听老人家讲：清末民初北京这地儿养狗的人多得是，尤其咱满族人得加个"更"字，提笼子、驾鹰的、养狗是他们最喜爱的，在那时候选狗非常讲究。

选狗要先看狗的神态——兴奋不兴奋、机灵不机灵、注意力好不好，稳健善斗，以巧胜敌者为上选。那些毛手毛脚的狗不能要，它们有勇无谋，捕猎会误事。

民间称母狗为"槽狗"，公狗为"儿狗"。槽狗一年中在春秋季节发两次情叫"闹槽"，"儿狗"争槽互相争雄争夺配种权，此时要好好观察哪条狗善掐架能争夺魁首，把它给选出来做为日后捕猎之用。

狗头大者，所包容的脑就大，而且威武勇猛又好看。头颅小者，包容的脑也少，脑小者多不够聪慧。

《活兽慈舟》一书在相犬观头中说"凡相犬先观其头：头易平正方圆，顶中起尖骨，额有草绿者，能入水捕獭，上山捕鹿，或追山野禽兽"所以在狗小的时侯要选择头大的为日后捕猎用，头大者威风聪明。

狗细腰吊肚说明好运动，大前胸又说明有力量。人也是如此，经常锻炼武刀弄枪的哪有大肚子的，肚子大影响奔跑速度。狗尾巴要直，兴奋时要高高竖起，活动要自如，像鞭子一样尾如腾龙，捕猎不会让动物跑掉，可见身材和狗尾巴的重要性。

狗长有泡子眼珠者，捕猎会咬一口，松一口，生怕对方反咬自己。

狗的两眼要求深陷，小而圆，像用筷子戳的似的。眼角如有积肉，积肉又红又厚是性情刁狠的象征。

狗耳根要硬，硬者不好搂毛，就是说不爱抖搂头。耳根软者，好抖搂头，两耳又大还多下垂，搂毛抖搂头时有拍打声，易惊动猎物。

狗毛一定要选择硬而糙的，用手抹拭时挡手。狗年幼时皮松，成年后会体大膘肥，膘肥者运动迟缓。

爪儿指狗的前足，足应像高桩馒头的模样，掌趾下有厚肉，肉厚则有弹性，弹性好善跑、善跃。腿指狗的后腿，后腿弯度越大，奔跑起来越有力速度也快。

狗舌头一般都为红色，但也有少数狗舌头上有黑斑的，有黑斑者，多为烈性猛犬。

乾隆年间的兽医著作《活兽慈舟》中在相犬法里有这么几句描写狗的口和鼻的："凡喙短者，多能善守看家；口内俱生有横纹总易多纹者吉；鼻易少汗，孔窍通深者，行走如飞而不喘气，故猎者取之，守家亦易之"。可见口鼻的重要。

　　犬身体的毛色很重要，要生存就要有空间，为了捕获猎物它经过几百或上千年的演变变成对自己有利的一身颜容，性格也随着自身颜色发生着变化，形成黑狗准、青狗狠、花狗机灵、黄狗稳的不同性格。

　　想要训练出一只符合要求的工作犬，必须进行严格的筛选，这是工作犬训练的先决条件。有些犬由于先天遗传和后天个体生活环境等方面的原因，品质低劣，不能接受所需科目的训练，也就是说并非所有的犬都具有工作犬的品质，低劣的犬是很难改变的，选择低劣的犬训练，结果必然是半途而废。因此，要想训练出一只优秀的符合要求的工作犬，就要多付出一些精力了。

　　选择工作犬注意事项：

　　一、犬种要选择纯种犬

　　杂种犬即不美观，又难保证其日后有与纯种犬一样可靠的行为和强壮的身躯，杂种犬是不具备训练资格的。

　　二、工作犬要选择中型犬

　　犬种体大者，动作粗鲁，饲养耗费多，追捕歹徒时亦有诸多危险。而

犬种体小的，更不适宜警务和安保工作，因其体小力弱，不足以与体大力足的歹徒搏斗。

三、选犬以选幼犬为上

工作犬要从狗小的时候养起，狗小时候和主人易建立感情，非常有利于日后的训练。

选购幼犬一定要看幼犬的母亲，母亲是否成年后产仔，是第一胎还是第二胎，第一胎产的幼犬能遗传好的基因，聪明、凶猛、体大，日后能够用作种犬。二胎犬有前胎犬的优良品质，身体适中灵活。三胎犬就逊色很多，总之三胎后的幼犬不能要。如果幼犬的母亲是没有经过训练，而且还是被长期关在笼子里养的狗。那么购买的时候就要慎重了。被长时间关在笼子养的狗的后代，性情怯懦、胆小、不活泼兴奋。

选购犬最好是选经过专业训练的犬的后代，这种犬的祖先是代代精心筛选的，先天遗传基因比较好，具备性格好，占有欲强，凶猛性高，耐力长，活泼兴奋的特点。

四、不要选购犬龄过小的犬

过小的犬价格虽然便宜，但教养时容易出现危险，容易生病。并且不

易准确断定其日后是否适用，有无发展前途，其性格很难确定。

购买犬龄以生后5个月至9个月的幼犬为最佳，此时才能断定犬的身躯的雏形，以及日后身材发育变化的趋势，各种本能的进步与否，天资是否聪颖，性格优劣，但这种犬往往很贵。吝啬钱财的人很难得到优秀的犬，以极低的价钱买一只幼犬，耗费时间、精力、金钱却培养不成材，成了废物。实际上等于买了一只贵犬。

五、选犬要注意不能"以貌取犬"

一只犬美貌上有点不足，这算不上什么遗憾，要知道，美观上的缺点多是来自于遗传。

选犬时，要根据工作犬的特点来制定，凡母犬精悍强壮，则其幼犬为佳；若母犬迟钝愚笨，则日后犬子难于教养。绝不要选择生育众多的母犬之子，这种幼犬，性格多懦弱胆小。

犬毛润泽有光者为先，毛发粗糙者为劣。毛发松软的牧羊犬，不适宜警务工作，因为在气候潮湿条件下，容易吸收过多水气，导致不能耐劳苦，易生病。

如果要从犬身体上各部位的外在形态来判断其能力如何，请注意：

1. 身材：

犬的身体大小要与其品种相称。过大之犬，往往粗鲁，难于训养成材，过小之犬，又往往性格怯弱，遇事犹豫，观望不前，还容易受刺激，若身体肥胖当然也是一大缺陷。大小适中，又发育健康，是最佳之选。同一窝中要选身材中等的。

2. 头颅：

犬的头颅，要加意细细察看。头颅小者，所包容的脑也小，而脑小的犬，多不够聪明伶俐，所以要选头大，额部和脸部等长的犬为最佳。

3. 犬齿：

牙齿生长整齐，坚硬，无损伤，幼犬的牙齿必须要洁白，幼犬的下颚不要长过上颚，或在上颚之后。上下颚相合，上下齿相咬接时，相接处不能出现空隙，要互相对齐呈剪式。下颚切齿，须勿接上颚切齿之后。口不宜过大，口小之犬，善于咬紧。

4. 犬鼻：

犬的鼻子在颜色上没有什么特别要求，不同的犬种有不同的颜色，但必须湿润而凉，所谓"鼻镜"像镜子一样反映体质健康与否，湿润但不能流鼻涕，若时常流鼻涕，这是以前生过病或者病尚未全好的标志。

5. 犬耳：

要细心检查，耳内是否流脓或有结痂情形。用手靠近犬头，犬耳是否后背，犬耳后背者大多数是遗传，少数是后天因教养不当造成的。

后天造成犬耳后背，大多数是主人喜欢自己的狗经常用手抚摸狗头的结果。时间一长，主人靠近狗只要一伸手，它会习惯性的把耳向后背。还有一种就是主人怕麻烦常常小开着自来水让犬自己取水，犬喝水时怕水进到耳里会把耳朵向后背，到头来习惯成自然。

犬耳后背很不美观，日后训练再高明的训犬师也很难在训练中让犬耳形成直立。

犬耳要选择适中，薄，硬，这种犬自信，兴奋，性格好，遇敌勇猛易训练。

6. 犬颈：

不宜过长或者过短。长颈之犬，性子偏急，但其口不能叼咬重物。过短者不兴奋。

7. 犬肩胛：

应长而高，而且肌肉要坚厚，这样不会在剧烈运动时缺乏体力。

8. 犬背：

犬的背宜短，长背之犬不善于跳跃，凹背或驼背的犬不要选用，尻应当长而阔，尻越长，其下之肌肉越多，尻越宽阔，肌肉越强劲，尻就是背骨的末端。犬背的长度与高度比率应为 10:9。

9. 犬胸：

胸部要长、宽、阔并且有下垂。这样犬肺的发展获得了充足地余地。犬胸的发育根据犬龄而不同，一般而言，母犬在初次产子后胸才有下垂，但其前足要能直立于地面。

10. 犬肩膀：

倾斜要适度，若肩膀长，又被疏松的肌肉遮盖着，则是一条有缺欠的犬。

11. 犬掌、足：

犬掌要短而紧贴着。展开的犬掌夏天容易积存尘土湿气，导致发炎，冬天冰雪容易侵入。

前足要直立地面与肩膀的倾斜程度要适当。后足应强健发育充分，后腿的上下部分要长，钝角的骨节应少，后腿应具有较多的长而坚实有力的肌肉。这样犬才能有很好的耐久力和爆发力。

12. 犬尾：

要毛多，呈蓬松下垂状，伸直要到膝盖骨的末端，安静时，其尾部下垂呈弓形。受刺激及运动时，要增大弯度而且高举。高举时，不应出现竖直过度的样子，其尾部不能贴靠后背或者直竖、钩、卷弯。

钩形尾：末端的尾椎骨过短，附着在上的肌肉也短，短者肌肉少，故将其尾牵缩成钩形尾。

卷形尾：末端的尾椎骨更短者，肌肉也更少，于是将尾向上收卷成环形尾。

13. 毛发：

犬的毛发以紧密为好，贴近皮肤的短毛以多为好，坚实紧密的毛发能抵御气候的变换。要经常带犬到田野空旷之处，这样能促进犬的短毛上又复生长毛，而且毛又直又坚硬。要挑毛短的，坚硬，鲜亮，毛要有光泽，不要选毛质软的。

14. 犬的才能、天资：

要判断犬的才能、天资确实是一件难事。但这又是十分紧要关键的，不能掉以轻心，疏忽了事。一只外貌美观漂亮的犬却缺乏内在的品质与能力，这对于警务安保工作而言，毫无利用价值。判断一只幼犬的天资及发展前途，更是难上加难，斯特尔申博士在他《养犬原理》一书中，曾这样写道："若想用简单的一句话来说明如何判断犬的智能，那就是，首先观察犬在遭到外界刺激后做出何等反应，并试图以何种方法表达它的自身感受"。

犬在遭到刺激后对感受的表达，最简单的方法通常是，用各种肢体动作充当它的语言，如摇其尾，扒其爪，高跳，嗅闻等等动作，这些都是表现出犬的思想或心理活动。至于犬的欢喜、愤怒、哀痛、快乐、喜爱、憎恶等内心感情的表露，则可以从犬的目光及肢体语言中观察发现。有的犬会不时的显露出某种固定的独特的容貌、动作以表示它内心的感受。遗憾的是，我们人类在对犬科动物的观相学、模仿学方面，还没有什么突破性的进展和更完备的理论。所以在这些方面也只能说是稍加论述而已。

犬的语言，如同幼儿的发音，即不连贯，又不清晰，育犬的人若能领悟犬声所要表达的意思、愿望和感情，那就等于慈母能听懂其幼儿发声要表达的含意。犬发出的叫声，也有着因含意不同而节奏、声调的不同，比如：犬因不耐烦而发出的呜咽声，与因痛苦或喜悦而发出的鸣叫声，因抱怨责怪所发出的声与其玩耍游戏时所发出的兴奋声，因高兴快乐所发之声与其因愤慨愤怒而发的狂吠之声，迥然不同。犬越是聪明伶俐，其叫声的细微区别与变化越是复杂，犬的所谓性情，指的是其神经受到刺激时，所产生的应激反应。刺激所产生的反应作用大，则犬天性活泼好动，刺激的作用小，则犬多是性情沉静。对于性情活泼的犬，必须慎重细心的教养它，这样才可能培养出合格有用的警犬。

目光明亮锐利，有灵气劲儿，快速运动时还能保持警觉的犬，它们都有着活泼伶俐的天资，而且富于感情。

目光常常盯视着主人，随主人的举动而目光转移的犬，大多是聪慧狡猾而不够可靠的犬。时时准备着扑人，视线不稳定，见物也不专注，目光茫然的犬可以明确断定是愚笨散漫的犬，上述两种犬都不适宜承担警务工作，它们不良的性情，经过人的驯养控制，只能在某些程度上有所改善而已，重新培养，树立良好的品性，是不切实际，办不到的。这就是所谓禀性难移！

作为工作犬，性格一定要兴奋、勇敢、锐利、果断。怯弱、胆小、畏缩的犬，应果断淘汰。绝对不可能为工作犬之用。犬的性格所谓"锐利"之说，在幼犬时即可判断；见到猫就扑击或者狂吠，见到别的犬就起冲突，见到无赖即上前扑咬；见到生客就吠叫不止。这种样子的犬，若精心培养，加意循法调教，都可判定为锐利之犬。

还有一种，可助判断。就是凡在吃饭时紧缩其尾者，则属畏怯、狡猾并且精神有病的犬，而在吃饭时，摇其尾，竖其毛，有不吃尽盘中物不罢休之势者，就可判断此犬必是勇敢、忠诚、锐利之犬！

幼犬鼻子的状态来判断犬的优劣，是很难办的，往往要经过几天甚至是几个星期细微的观察，才能稍稍有点眉目和头绪，检查犬鼻的时候，要考虑到气候条件中，温度高低，空气和地面潮湿程度等各个方面的状态及相互的关联影响等等。

当检验时，可引领犬到空旷的地方，让其随意跳跃撒欢儿，片刻之后，趁犬不注意远远离开它，将自己身体藏匿起来，让犬看不到，犬看不到它的主人，必往返寻找。若是鼻子好，嗅觉敏锐的犬，必然是随嗅随走，追寻着主人足迹一路寻觅的。

也可以依照上述要领，接着试验的就是让另一个人牵引犬前行，而自己趁机躲藏起来，让犬寻觅找回它的主人。

另一种断定犬嗅觉灵敏的小方法是找一个石子堆，但不是新堆成的，这样没有其他味道，主人从石子堆中随意挑选一块作上标记，走到距离石堆 10 米处，用手中石子挑逗犬，引起犬的注意，这时将石子抛出，当石子已落入石堆再放犬，如果犬能将石子找回，便是嗅觉灵敏的犬。因为是初期鉴别犬的嗅觉，并非严格训练，所以主人不必太认真，只需要随意些便可。

第二节　助训员

助训员在训练中的作用是协助训导工作犬的人员。虽然不直接训导工作犬，但是在训导中与训导员同样是直接的参与者，训导工作犬的成败，助训员起关键作用。

助训员的工作态度、业务水平，以及与训导员的相互关系都能直接或间接的影响训练效果，所以在选择助训员时可以选择由有训练警犬经验的训导员充当。

助训员在训练助训中，因体力消耗大，又是独自为战，艰难险阻多。所以助训员要选择，肯于吃苦的，坚强勇敢的，而且有健壮体质的人员来担当。

不可由犬所熟悉的人员充当，训练中不可一人充当全部课程的助训，要经常更换助训员。如人员不够时，初期训练可以用熟人。

训练中,助训员要尊重训导员,听从训导员的指挥,统一认识,配合行动。出现失误要相互谅解，不可相互埋怨。

助训员在训练中做到"服务训练，主动配合，以假逼真，激动灵活"。因犬制宜,刺激得当,不要假戏假做给人一种"走过场"的感觉。长期的"走过场"会影响现场实际使用效果。

不要带着情绪训练,利用工作之便泄私愤,搞报复。这是不道德的行为,会使训练工作遭到损失。

钻研训犬业务，了解犬的能力，熟知每一科目的训练步骤、方法。

第三节 训导员

受训犬的训导离不开专人的掌握与引导，训导员是受训犬的主要刺激者，所以训导员为达到训练目的应做到：

改变犬的自由行动和随地觅食的不良行为，犬要吃喝，需要活动，必须经训导员才能获得，生活中要依赖于训导员，时间一长，犬对训导员就自然产生依恋与训从。

训导员要多接触犬与犬玩打闹游戏，生活中绝不能用其他人代替。

热爱训导工作，爱护犬，要以真挚的感情关心犬，绝不虐待犬。训练中做到不打骂犬，所谓"不打训不成"的理论，纯属违背科学，是错误的，是一种无能的表现。

不要带着情绪训犬，不可利用工作之便泄私愤，搞报复，不许让犬追家禽，牲畜。

必须做到对犬"爱而不宠，严而不苛，错而不怨，败而不怒"。

训练手段

训练手段即在训练过程中，为使犬对所训科目迅速地形成，所运用的影响手段。训练的主要手段是刺激和强化。

第一节　刺激

环境对动物发生的作用叫刺激。刺激是引起行为的外因。刺激犬是训导员所采用的能引起犬神经系统反射活动，进而实现能力的一切影响手段。刺激可分为两大类——条件刺激和非条件刺激。

条件刺激主要包括：口令、手势。

口令是为了引起犬的不同反应。不同的音调，犬会有不同反应，音调又分为——普通音调、威胁音调和奖励音调。普通音调就是训导员用中等音量发出的口令，并带有严格的味道。威胁音调是用严厉的声音命令犬，在犬延误执行命令时，用来迫使犬做出动作和制止犬的不良行为，如"非"。奖励音调是用温和的语调发出的，是用来奖励犬所做出的正确动作，如"好"。

手势是一种无声的信号，有利于秘密指挥，手势的动作具有指令性，刺激犬在视觉上引起相应的活动。不同的手势，可使犬做出相应的动作，手势也是一种视觉上形象的刺激，但受视野范围和可见度的限制，只能在白天使用，可以在一定距离内遥控犬的行为。

使用手势应注意：手势形象一定要明显，不同的手势要各有其独特性，要与人们的日常生活习惯动作区别开。手势要规范，让犬易于辨别而不至混淆。速度要适中，距离要根据犬的视觉范围使用，否则是徒劳的。

非条件刺激主要包括——食物刺激、机械刺激和引诱刺激。

食物刺激：犬要生存就离不开的食物。训导员可通过精心饲养给犬美食，从而使犬增强对训导员的依恋性。以食物刺激为诱饵，引导犬做出动作。犬在食物刺激下做出的动作比较兴奋活泼，表现也自然，注意力和依恋性也非常的好，但动作不够规范。

食物刺激，不宜在犬食欲不好或饭后进行。食物要选用适口的，犬爱吃的肉是比较理想的选择，食物要用块状的，碎块容易掉在训练场地上，丢在场地上的碎屑会影响训练效果。食物引诱的位置、动向、时机要与所训练的动作配合好。食物作为奖励时，一定要在犬做好动作后才能给予，不要预先让犬看到或嗅到，食物刺激可与机械刺激结合使用，这样可以相互取长补短，保持犬的作业兴奋性，使其动作规范、准确。

机械刺激：常有一种强制性，能引起犬的触觉和痛觉，犬对这种刺激会表现出被动防御反应的状态。所以刺激强度要适当，根据犬的不同反应要适当调节其强度。强度掌握得当，有利于训练，但不可滥施，采取打骂刺激是绝对不允许的，机械刺激可使犬动作规范、准确、巩固，不易变形。但比较刻板，缺乏活泼自然。机械刺激不适用于胆小的犬和皮肤敏感的犬，机械刺激容易使犬产生抑制和被动防御，所以要与食物刺激结合使用，例如：当犬在机械刺激下做出相应的动作后，应立即给予食物奖励，这样可以起到调整兴奋，缓和紧张状态的作用。

注意：机械刺激决不可以施加在初学此课而尚未完全学会的犬身上，只可以用在本课已会但又拒绝服从的犬身上。

第二节　强迫

强迫是训导员迫使犬听从指挥做出正确动作的一种手段。强迫还具有动作"整形"的作用，通过使用威胁音调的口令和强有力的机械刺激来达到目的这就叫强迫。

犬在受训科目的中期，已学会此动作但又拒绝服从时，可通过机械刺激结合口令、手势，迫使犬做出某种动作的使用。机械刺激强度应是中等，口令是普通音调。

另一种使用是在犬对口令、手势已经建立条件反射之后，由于受到外界干扰因素影响，犬不能顺利的按照训导员的口令、手势做出动作时再进行使用，机械刺激强度应是较强的，口令是威胁音调。

使用强迫手段应注意：及时。犬一出现不执行口令、手势的苗头，就要抓住这一时机立即进行强迫，而毫不迁就。否则，就会养成犬动作拖拉，有令不执行的坏毛病，应达到一令一动。

使用强迫要适度。就是强度要适当、有效，一经采取就一定要达到目的，但要防止犬对训导员产生惧怕。

第三节　诱导

诱导是指训导者引导犬自发地做一定的动作，诱导是初训时期必不可少的一种环节，初训只可以诱导，不可以刺激。使用诱导手段有利于训练进程和保持犬的兴奋性。

诱导适用于犬的基础科目的先期训练，但只能作为辅助手段使用，不能从始至终地运用。诱导也要因犬施教，可用在初训一年的幼犬上，对那些兴奋性强的犬则要尽量少用。犬一旦对所学的动作形成条件反射就不可再用。否则，会起到不良效果，它会把诱导当作口令和手势。为了提高犬的质量要逐渐减少或取消诱导，为规范犬的动作标准我们要结合强迫训导。

诱导要与强迫结合来用，两者间可互相取长补短。强迫可以起到整形和增强犬的服从性，诱导则可以调动犬的积极性和适应性，从而保证训导工作顺利进行。

第四节　奖励

奖励目的是巩固犬的能力，加速训练进程，也是对犬听到命令后做出正确动作的一种强化手段。每当犬根据训导员的指令做出正确动作时，训导员应及时奖励犬，使犬对这课目迅速地建立起条件反射。

奖励方法：

1、食物奖励。要以块状美味食物奖励犬，最好是肉类，每当犬做出正确动作时，要及时奖励。

基础课目的各课初期训练可以多用，使用课目的追踪初期训练也可以用，其他课目要区别情况适当使用。

2、衔物奖励。大多数犬都有一种衔物欲望，喜欢衔取。有个别犬给它衔物要比给食物还兴奋。我们要抓住犬的这个特点，在犬做出动作后要及时抛给它一个喜欢的物品让它衔取。抛物衔取可以消除犬在训练中的紧张情绪，提高犬对所学课目的兴趣。

3、抚拍奖励。抚拍犬它会得到一种爱抚，会感觉很舒服。抚拍奖励适用于各课目的奖励，抚拍只可以抚拍犬的前胸及身体两侧，不可以抚摸犬头及两耳周围。否则，在训练中靠近犬，犬耳会后背，非常难改变。

4、游散奖励。游散本身就是对犬的一种奖励，犬天生好自由活动，不想被人约束。犬在训练中非常渴望自由，我们要抓住这个时机放犬玩一会儿，缓解一下犬的紧张情绪，游散利用得当会产生意想不到的训练效果。

5、口令奖励。口头奖励可以结合食物、抚拍、衔物、游散一并使用，也可以单独使用。口令奖励适用于所有课目的奖励。口令是"好"、"好狗"。

工作犬的使用与教养

第一节　工作犬使用原则

形式改变，时局变动，古怪刁钻的事情越来越多，从来就没有停止的迹象。警官和安保的工作任务一天比一天多，遇到疑难案件棘手之处总是很多，所以有警务安保工作在身的人不得不费尽心思，寻找解决工作问题的方法。

因社会生产力的进步而产生越来越多践踏法律的人，其原因是交通越来越便利，消息变得更灵通快捷，罪犯可以毫无顾忌，常常得以逍遥法外。如果对他们进行抓捕，会花费许多周折。

根据工作的需要，工作犬对警务安保工作有很大的好处。犬的视觉、听觉、嗅觉、知觉和它的敏捷跳跃能力皆超过一般人类。犬能咬人，人常常也惧怕犬，犬又比警察常带在身上容易伤人性命的短枪，所酿成的危害要小得多。如果能利用好工作犬，在警务和安保工作中服役，也是警官和安保工作者的护身法宝。

工作犬在警务和安全保卫工作上可使用的地方：

白天

工作犬可以帮助警察巡逻，在重要的场所、会议室、车站、地铁站口等等，进行安全检查。还可以帮警察寻找罪犯疑迹，听从命令追捕逃犯。

黑夜

在警戒区域进行严格监视。重要的场所、博物馆巡逻检查，探寻潜伏的犯人及追捕逃犯。

白天和黑夜帮助警察押解犯人或驱逐聚众闹事的人。

不可让工作犬追捕避开罪犯的人和无知儿童，就是说不可追捕与罪犯无关人员。

工作犬在能够熟练掌握运用各种口令后，才可用于警务工作和安保工作，使它能听从管理人的指挥。

警员和安保工作者不能带没经过考核的工作犬工作，这个许可必须由上级领导和懂工作犬的专家进行考核工作犬是否听从管理人的口令指挥来决定。

工作犬犬种必须选择纯种，并要淘汰劣质或是不纯正的犬种，怕日后因它的本性，反被其所伤。杂种犬是没有稳定性格的。

工作犬必须选择性格有忍耐力，稳固的优良犬来充当。

第二节　刑事工作上工作犬使用要点

在作案地点要进行附近交通的戒严，不允许众人聚集，要严格限制到作案地点的人数，并做记录，到作案地点的人员不可以破坏作案现场。在万不得已的情况下，可以在作案地点停留，作案地点所发现的衣物和其他东西不可以随便移动，有足迹的地方可以用纸箱、木板等物件小心遮盖，晚上巡夜的人不准到作案地点。

工作犬在外工作探察案情的时候，只为案情考虑，不可以告知与案情无关的人员知晓案情，知晓案情的人必须严守秘密。

一、工作犬使用申请

在权限上可以使用工作犬的人，方可提出申请。使用工作犬的人，要问明案情。

1、距离作案发生时候已经有多长时间了？

2、案件发生以后是否下过暴雨？

3、工作犬和工作犬管理人员乘坐的汽车有没有限制规定？

4、工作犬到达作案地点最近的车站在哪里？

二、运送工作犬到作案地点要注意

1、准备运送时或正在运送时，运送工作犬的管理人员都要有镇静的心态，不可有一丝的暴躁。

2、管理人员不可以单独乘车，而命令工作犬在车后跟随。

3、用汽车运送工作犬，不可以让犬坐在脚踏板上，必须安置在车座上或者乘坐专用车，使工作犬能呼吸到新鲜空气，不许让工作犬呼吸受阻，并且不要让工作犬靠近气味重的皮靴等物，以免工作犬的嗅觉能力受到损伤。

4、用其他车辆运送，切忌不能同装入有牲畜或行李的车一同运送，工作犬容易受到惊吓，并且使它的神经、鼻子的知觉能力受损。运送工作犬时，准许工作犬和管理人员乘坐，无论如何也不可以让工作犬与吸烟者在同一车厢内，否则工作犬容易失神，以致到达作案地点工作犬不能充分运用它的嗅觉能力。

5、管理人员需要带上少许的清水和一个盛清水的器皿等待工作犬饮用，以免工作犬自己寻觅。管理人员在去案件现场途中不得饮用一切酒类，以免产生酒精气味。

6、到达地点时如果路途较远，运送时间太长，可以让工作犬使用它喜欢吃的方便食品，但是不要让工作犬吃饱，无饥饿感即可。

三、工作犬工作前的准备

管理人员需要诚恳向办理案件的负责人，就是调查此案件的最高领导，提出详细的问题，请该负责人回答。管理人员所提出的问题与要求，除负责人在场，其余人员远离到警戒线以外，不得暗随，不许其他人窥视。管理人所要提出的问题如下：

1、发生什么事？

2、什么地方发生？

3、什么时候发生？

4、谁先到案件地点？之后又是谁？

5、有没有条件充足的嫌犯？

6、依照证据确定嫌犯与受害者如何到作案地点？

7、有没有证据显示嫌犯向什么方向逃离作案地点？

8、在作案地点发现了什么衣物和工具等？

9、有没有足迹？有的话怎么处理的？

10、有没有妨碍工作犬工作的事实？从案情发生到警用犬到达作案地点，这段时间内是否下过雨？是大雨还是小雨？雨是什么时候停的？刮过风吗？下霜了吗？下雪了吗？是否去过热闹的街市？街巷是什么路面？温度是多少？

11、有没有方便工作犬工作的事实？从案情发生到工作犬到达作案地点，这段时间天气是否凉爽？是否有明显的足迹？没有人员涉足该地？发生时候是什么时间？气味强烈吗？

第三节　工作犬训养方法要领

训导员在未曾训练工作犬前，应当先具备完全自治能力。有时往往花费数个星期的训练管理，因为训导员一时的忧郁不痛快或者不耐烦而导致全部工作失败。

没有开始训练前，首先要熟读与各种犬类有关系的介绍、心得等科学资料，并且对将教的犬类，尤其应该格外注意，并细心考察研究它的发展史。

道德不产生在少年，此时的思想、智识尚属幼稚，因此不知道安守本分是什么。对于人来说是这样，犬也是如此。所以幼犬只可以教养，而不可以训练。训练的方法只能施行在精神、身体成熟的犬。成熟时间的迟早各有不同，因此有的犬经数个星期的教养，毫无成效，也有的是经过一夜，一早起来一教它就会了的成熟的犬。

慈母的教养，老师对学生的讲授，上级军官对下级的训练，都要有忍耐的心，耐心出精品，暴怒出废物。对于犬来讲也是一样。犬因为不能用言语代替表达它的意义，所以必须每日经常与犬练习，了解其思想。

人身及人的精神不能过度劳累，人工作能力有限，犬也如此。训导员应当注意：教养幼犬，身体健壮的可以稍加压力，使它服从及自我约束。

刑罚只会产生片刻服从的奴隶，不会产生忠诚、勤恳的朋友和徒弟，肯定更不会在危难的时候替你粉身碎骨。

训导员也必须知晓训练工作犬的各种惩罚，比如像厉声呵斥犬或不与犬说话轻视它，不抚摸犬没有爱意等等。

训导员要教犬服从是唯一方法，保持是它的职务，要让犬知道不能为所欲为，而是应该做什么。

要及时将平常教养时和使用工作犬时所获得的经验、心得发表出来，使同行得到经验，纠正错误，为日后更好服务于社会。

训导员的训练方法，有的是照葫芦画瓢，毫无改变，虽然有时能够得到许多成效，但那是因为遇到了一条好犬。训练就要有变化，训导员要根据犬的性情、年龄、种类的不同，要适宜变通。变，可给犬一种新鲜感；变，可使犬注意力集中；变，不会让犬未卜先知。

第四节　工作犬未来发展的教养

精神与身体发展的基础，都是靠人的教养而成，倘若细心教养，犬自能听从命令，尽力服役，成为主人的好帮手。

行走、奔跑和跳跃能增长犬的肌肉、肺功能和智能。训练忍耐性，增加犬的臂力以及决断力。幼犬像幼儿一样，必须留意，谨慎教养，每日带它外出散步时，让犬做游戏、跳跃、打架、衔取等，犬如果不练习运动、衔物，则视为怯弱、不稳固，以及多愚钝，倘若轻视这条原则，并且放任它扒卧犬舍，不外出活动，训导者就要负有放纵的责任，这样会使天资良好的幼犬也变为胆怯、贪懒，而没有灵感智慧的劣犬。

由于人的教养，可以消减、限制、去除犬不应有的野性与嗜好。教养可以增加警觉以及犬应有的习惯。

经验告诉我们，犬因为不正当的教养。以后的训练大都很棘手乃至无用，故此在教养时候应当非常留意，在未曾训练前，应当先去除它胆怯不敢外出或不敢向前的性格。

年龄没有到 6 个月的犬，它的一切行为都属于不可靠的，因为它的智力尚未发育好，因此也不要理会哪些事情能做，哪些事情不能做。此时的犬不能施加刑罚强迫服从，否则必然损伤它以后训练的资格，犬不教养到 12 个月是不能强迫训练的。

犬的强健天资，是备日后使用的，因此它的教育者必是它的教养人，只有它的教养人可以和它游戏以及调理性的喂养，决不能假手他人。

人少年时候做事，常常多有私心，犬也一样，一切行为都出自自己的意愿。爱、诚恳、忠诚、远虑以及服从等等，这些毫不知道，然而多有依赖性，谁能喂养它、调理它、抚爱它以及优待它，它们就能依恋敬慕他。它的智力也因恋慕而逐日产生前面所说的各种德行。

训导员在教养幼犬时，应当将幼犬安置在犬舍中，如果犬不耐烦而叫唤，可以用石子弹投犬舍，对它说"静"、"非"，它就不敢发出声音了。幼犬在犬舍内如果没有很好的施加教养，它就会听见别的犬叫唤，也跟着模仿，这种习惯即惹邻居的厌烦，更能破坏警务工作，并且在安静时也会呜咽。长期在室内不外出的犬容易变得柔弱，会憋出病来，还能失去它美好的性情。长时间喜欢游荡的犬，以后不太接受训练，所以不可以任由犬独自流浪行走。

喂食前，训导员可以携 4 个月以上的犬到一个房间与它周旋半个小时左右，见犬有异常，有排便的样子，就赶快引导犬返回犬舍中，犬如果不小心排便在室中，就赶快呵斥它说"非"，然后引导犬返回舍中。如果因为讨厌它的污秽而将犬鼻按在屎边暴打一顿，就说明训导者是一个不懂爱护犬和教养犬的人，这是违反道义的。训练成熟时，可在转瞬间命令它排便。以上方法适合工作犬。工作犬在外工作时是不能排便的。家庭教养的宠物，应在喂食后，马上带犬外出引它到排便处溜达，见犬有异样的反应，立即把手里的报纸放到犬的后面等接犬便。犬排便后要及时表扬犬。如果排便在家中，就在它排便时呵斥它，一定要在排便处打扫干净，不能有味道，防止它下次在此排便。

第五节　教养练习

教养练习的目的，是为了使幼犬不按照自己的私愿做事，等待长大，并且稍微有知识后，它心目中自能常感觉有它往日所服从依随的主人在，因此无论什么时候它都能完全服从它主人的命令。

犬长到 4 个月后，必须由绳子牵引，方可以在街道行走，应当让犬能够习惯主人的牵引，因此用绳子牵引是初步入手练习。

教养的各个科目，应当不厌其烦，小心留意缓慢练习，应当详细审查犬的性情用爱心教养，使得它的性格越来越成熟。教养应该适当有节度，不应该过于劳累。过于劳累的犬就容易灰心，从而有一蹶不振的隐患。这样能使犬以后有不接受训练的危险。

教练室和训练场地

教练室要选择空旷而且犬又不能藏避的大屋子，像仓库、厂房、大型车库等处最适合训练。如果在室外训练场地，就应该选择一个偏僻有墙垣的地方，如果两边都有墙又能行走为最好，也可以选择两边有栅栏的道路作为训练之用。训练时不应让其他动物或人在身边，也不可以让别的待训犬偷看到。最好能够僻静而且少有打扰，训导员就容易入手而且犬也容易专心学习。

训练所用的器具

1、训练用的颈圈 1 个，训练球 1 个，哑铃 3 个分大、中、小。

2、训练用的牵引带 1 根。

3、训练追踪用的背带 1 副，追踪绳 1 根。

4、训练扑咬的扑咬袖 1 副，扑咬衣 1 身，击打犬棍 1 根。

5、训练跳跃用的器材：栅栏、小板墙、人字板墙、壕沟等。

6、训练登降的器材：阶梯、垛桥、天桥等。

7、训练窜跃的器材：圆圈架、平台、大板墙、三级跳台等。

8、训练鉴别用的鉴别罐 10 个，大金属镊子 1 把。嗅源提取器：热水袋 1 个，纱布 1 包。配物若干件。

9、训练搜索用的旅行包、书包、行李箱等。

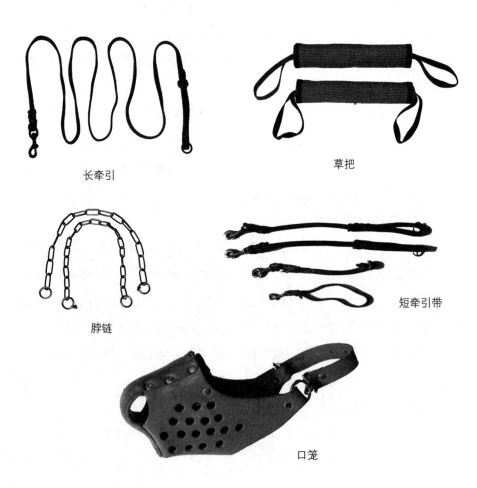

长牵引

草把

脖链

短牵引带

口笼

基础科目的训练

　　基础科目的训练是为使用科目的训练奠定基础的。一座建筑建造的再高，无论外观有多么的华丽，如果地基没有做好，早晚也会付出代价。犬也是如此。实践证明，犬的基础科目训练的好坏，直接影响警务和安保能力的使用。

　　通过基础科目的训练，可以进一步考察犬，确定受训犬有没有资格进入使用科目的训练，或适合哪一专科能力的训练。因此，训导员要在训练中发现有特长的犬，确定下来，进行专科训练，没有能力的犬要及时淘汰掉，以免费时费力，浪费钱财。

　　基础科目的训练方法，不应强求一致，要有创造性，灵活多变，变能让犬注意力集中，还可使犬有一种新鲜感。变，让犬不知到下一动作是什么。否则，犬会没听到口令先做下面的动作，这样训导员反而被犬训了。

第一节　随行

　　训练目的：随行训练是使犬养成根据主人指挥，以全部精力注意它的主人，摒弃一切色欲以及其他天然的嗜好，跟随主人靠近主人左侧并排前进，并保持平行，进行中不超前，不落后，来到人群稠密的地方，热闹的场所，不用绳子牵还能以正确的姿势靠近主人左脚行进，行进中做到犬体前不超过臂部，后不漏肩胛的跟随行走，行进中随主人，左转，右转，向后转，后退随行。

　　口令："靠"。提醒犬不要离开主人左侧。

　　手势：左手自然下垂轻拍左腿外侧。因为实战中发"口令"怕曝露目标，最好用"手势"摇控指挥犬不要离开主人的左侧。

主要的非条件刺激：是牵引带控制和食物引逗。

训前准备：准备好一条待训犬，圈养在犬舍中一周不可外出，它的吃喝不可以假借他人，喂犬吃食不可过饱，以六成饱为佳。一个人圈在一间房里一个星期，不给他自由，一周后问他能否跟我到外面干点活，回答是肯定的，你带他在外工作的时间一定要控制好，时间控制好了，他就会在次数上有所要求，次数上掌握好了，他就会在质量上有所要求，质量上的好坏，那就是你教授的事情了，犬也是如此。

第一课：牵引随行第一级

训练方法：训导员到犬舍与犬问候片刻，把颈圈套在犬的脖子上，将牵引带钩上，引导犬到教练室或训练场内夸奖犬。左手握住牵引带距脖圈20厘米处，其余部分卷起拿在右手中，牵引犬来到墙边站好，犬的左边是墙，右边是训导员，把犬夹在中间顺着墙走。发"靠"的口令，同时左手把牵引带向前一拉，右手用衔物或食物进行引逗，引逗时犬应全心注意在衔物或食物上，给衔物或食物时，应在犬注意力没离开物品时给。

训练室或训练场两边都有墙和栅栏时，随行50米左右向右转来到另一边墙根或栅栏往回走，每练一次立即用温语表扬犬、抚慰犬、赞赏犬，可以练习2～3次。

随行时，犬如果卧下，立即用柔声安抚犬等待犬起来再次行走，如果没有效果，就用口令说"靠"而且牵引犬前行，犬受到刺激必然不会违反命令。

训练10分钟，然后把犬牵回放进犬舍内，解去犬项圈，命令犬静止，不要躁动，以防其他的引诱使它的性情有所改变，这天不可以使犬再出犬舍。

温习：这一课须要训练5天，每日2次，每次10分钟。练习完成，立即把犬安置在犬舍中。

注意：初训不靠墙根行走，人与犬很难成平行之势，随行中犬体会歪。

第二课：牵引随行第二级

第一课的训练已经练熟，犬就能自动跟随在训导员的左边行走了，然而行走时，犬常常喜欢抢步前窜，这课的目的务必让犬在不加约束情况下，能自动在犬主人的左边跟随而不前窜。

训练方法：训练初始，这课第一步像第一课一样，发"靠"的口令沿墙随行，犬如有抢步前窜时，应及时用左手向后扯拉牵引带，使犬回到正确位置，回到正确位置后，要及时用"好"的口令表扬。犬能以正确的步伐随行一段距离后，顺时针左脚向里叩步成丁字步慢向后转身，转时要紧拉牵引带，使犬紧靠着训导员左腿向后转，转到训导员右侧是墙，左侧是犬，沿墙行走，犬若再出现向前窜，它的表现是犬肩胛会超过训导员的左膝，这时训导员应当向后转，转回到犬左侧是墙右侧是训导员，转时要小心，不要踩犬的脚趾。如果犬处在不正确的位置时，训导员就沿着墙前行，

牵引犬靠墙随行。

这时墙在犬的左侧，犬也只能随着训导员的左侧前进。反复练习，直至练到犬左侧无墙还能以正确姿态及步伐跟随训导员行走。

注意：在开始训练时，犬因不习惯，人和犬动作都不协调还受外界影响，难免出现偏离正确位置，行进中有撞犬、踩犬的现象。发现犬偏离，应即时下"靠"的口令，同时扯拉牵引带，使犬回到正确位置。还可以用衔物、食物进行引逗，促使它自然的回到正确位置。不管使用哪一种方法，只要纠正了犬的错误，回到正确位置，都要及时奖励，用"好"的口令或抚拍犬左侧都行。训练完毕牵犬返回犬舍，使它安静勿躁。

训练时间：每次15分钟，每日2次，早晚各1次，2天即可。

第三课：牵引随行

犬的知识日益增加时，犬能够注意训导员的动作，训导员时常左转，右转，向后转，慢步随行，快步随行，普通步和跑步随行，随行中做到稳固无误。

训练方法：训导员牵犬进入训练场地中央，进行随行训练，行进中，步伐要有变换，慢步、快步、普通步、跑步要相互转换，变换前每个步伐随行不可少于30米，直线距离的全程随行要多于60米。

每次变换步伐或方向时，都应预先发"靠"的口令，同时扯拉牵引带示意犬不要偏离正确位置，步伐变换后及时给予口头表扬奖励。

方向转化，犬在第二课已经学习到顺时针向后转的技能。这节课就要让犬学习向左转、向右转和逆时针向后转。

从沿墙训练随行转到在训练场中央训练，练习左转弯时向外掰左脚成左丁步，练右转弯时向外掰右脚成右丁步，练习逆时针后转时右脚向里叩，成后丁步。犬练习几次即可适应，通过反复训练，犬就会对训导员的步形形成条件反射，并且知道该怎么转不会出错，习惯跟随训导员左侧进行。

注意：在练习中规范其动作，犬偏离正确位置要及时扯拉牵引带使犬回到正确位置，拉回正确位置后，要放松牵引带，不要绷得太紧，放松牵引带是给犬有犯错的机会，也是为了纠正错误巩固动作之用。拉回正确位置后要及时表扬犬，表扬不要过强，否则犬会出现过余兴奋。

训练时间：3 天。每日 2 次，早晚各 1 次。每次 15 分钟。

第四课：牵引加手势随行

通过前三课的训练，当犬对口令及步伐已经形成条件反射后，就应建立犬对手势的条件反射。手势指挥有利于拖绳训练。

训练方法：在随行中，将牵引带放长一些，拿在右手中，使其有机会离开正确位置。进行中犬若离开正确位置时，要及时下"靠"的口令，并伴以左手轻拍自己腿外侧提醒犬回到正确位置。未果，则用右手扯拉牵引带，使犬回到正确位置。犬回到正确位置，训导员要及时奖励。如此反复训练，直到形成条件反射。

训练时间：1 天。每日 2 次，每次 15 分钟。

第五课：拖绳随行

犬通过前几日的训练，在牵引随行时，就比较熟练了。在熟练的基础上，才能进行拖绳训练。

训练方法：在牵引随行训练中，先把牵引带放松一些，使犬失去控制，犬若不离开正确位置，要及时奖励。若离开正确位置，用口令及手势指挥其归位。未果，则用牵引带拉回正确位置，用力要大一点，因犬而定。

经过一段时间练习，犬在松绳随行时，能听从训导员指挥，并保持一段长距离的正确随行。这时训导员可将牵引带拖在地面上令犬随行。训导员要密切注意犬的动态，不可使犬偏离正确位置。如有偏离，立即拾起引绳拉回犬练习牵引随行。牵引随行和拖绳随行，要相互转换训练，使犬逐渐适应拖绳随行。

训练时间：1 天，每天 2 次，早晚各 1 次，每次 15 分钟。

拖绳随行。

第六课：脱绳随行

犬在拖绳随行熟练后，下一步就要除去牵引带，令犬随行。

训练方法：在拖绳随行的过程中，使犬在不知不觉时，给它解开牵引绳，但不要突然行事，犬若在没有牵引绳的情况下，仍能以正确姿态跟随随行，要及时奖励。犬若出现偏离，要及时下令纠正。犬若不听指挥，应立即牵引训练。这时的牵引绳可选择轻点细短的绳子做牵引，20 厘米长，末端加个环以便牵引用。牵引与脱绳训练要穿插进行，以便纠正犬的不良行为。

通过反复训练，犬就会服从训导员的指挥，不用牵引绳也能以正确位置靠着训导员的左侧随行。

训练时间：2 日，每日 2 次，早晚各 1 次，每次 15 分钟。

脱绳随行。

第七课：复杂环境随行

在犬没有牵引绳随行，动作姿态非常标准的基础上，训导员就要带犬逐步进入复杂环境中进行训练随行。

训练方法：训练时，先在训练场地安排一两名陌生人观看训练，让犬适应陌生人，再逐渐安排多人观看，还可以栓上其他几只狗在旁边，还可做出从小到大，从少到多的新异声响影响它。当犬受到刺激影响并延误动作，注意力不集中或不执行命令时，要即时用威胁音调发"靠"的口令，同时伴以猛拉牵引带，迫使犬回到正确位置随行。通过几次反复训练逐渐再到公路边、居民区及热闹的场所和人群稠密的地方练习所学的课程。

注意：在人群稠密、车辆比较近的地方，要牵引随行训练，防止事故发生。

训练时间：经常训练。

第八课：后退随行

这节课不适合先训练过坐，而后训练随行的犬，有些训导员在犬小的时候教养时，有意无意地教会了犬坐下的动作。犬提前学会了坐，在训练后退随行就很难了，提前学会了坐的犬，在训练后退随行时，因衔物或食品向后引诱时，因重心后移，犬会自然坐下来，没有提前训练过坐的犬会随着物品引诱重心后移，犬会退着走。

训练方法：训导员牵犬进入训练场地来到墙边，犬左边是墙右边是训导员，犬靠墙站好。训导员发"靠"的口令，用物品或肉块引诱犬前行 30 米后慢下来，再用衔物或肉块向犬脑后移动引诱，同时持牵引带的左手向后引拉，当犬向后退一两步时，应立即给犬衔物或肉块，通过反复练习逐渐增加后退步数，奖励要及时，熟练后逐渐去除引诱，再渐渐的远离墙体。靠墙体练习是防止犬后退时转身，使犬体不会歪。

犬通过以上课程在复杂的环境条件下，能服从训导员的指挥，不用引绳而始终靠在训导员的左侧以正确动作随行时，接下来就要训练犬在随行中做出坐、卧、立、甩坐、甩卧、甩立等动作。

训练时间：长期，每日 2 次，早晚各 1 次，每次 15 分钟。

第二节　坐

训练目的：工作犬在工作的时候，不应该东奔西窜，像一只从未受过教养的狗。犬必须沉静而且有秩序，恭敬等待主人的命令。犬学习坐，要像军人学习走步一样，应该循规蹈矩而且有纪律。

坐这一课也是为了以后训练卧、站立等课做准备,也是随行、前来、鉴别、扑咬等课目的组成部分。正确的坐下动作，应是前肢垂，后肢弯曲，飞节以下着地，尾巴平伸。

口令："坐"、"定"。"坐"是命令犬立即坐下，"定"是命令犬坐下后不要动，保持这一动作的持久性。

手势：正面坐，右大臂向外平伸，小臂向上伸直，掌心向前，左侧坐，左手轻拍左腹部。手势就是一种肢体语言，是命令，实战中摇控犬。

主要的非条件刺激：提拉脖圈及按压犬的腰下角和食物的诱导。

坐。

第一课：坐下

训练目的：听到命令后迅速而正确地作出坐的动作，并且保持这一动作的持久性。

训练方法：

方法1:训导员牵犬进入训练场地及训练室，与犬在场地来回行走几次，走到中间停下来，身体向左转，横立在犬的右侧，右手在脖圈后面，紧持住引绳，用左手抚压犬的腰背下角处，同时将右手所持的绳子上引，使犬颈与头后仰，命令"坐"。犬如果听从命令坐下，就赞扬奖励犬，并说"好"。犬坐下后，训导员慢慢直立，右手向后紧紧拿住牵引带，犬如果想起立，就把引绳向后顿拨并且左手抚压犬，使犬向下坐并连续发"坐"的口令。

犬能够安心坐下后，用食指指向它与犬对视，命令说"坐"。犬如果能坐很久不动身，训导员则慢慢向右转，口中不时念"坐"的口令，此时将右手的引绳拿在左手中，训导员的脚跟犬的脚相齐面向犬的前方站好。犬能安静坐下数分钟后，训导员俯下身用右手拍拍犬的前胸说"好狗"，然后道"游散"。与犬在训练场地自由行走几次之后，牵犬回到场地中间停下来再次温习。

注意：每回说"游散"前，都要拍一拍犬的前胸。在这里给犬做个"开

用手势指挥犬坐下。

关信号"，让犬知道拍胸后才可以"游散"。否则是不可以动的。温习时须留意，令犬坐下，犬必须立刻坐下，坐在训导员左侧，切勿让犬有旋转，歪坐的现象。如有以上现象，最好选择有墙的地方训练。

训练时间：1天，每日2次，每次30分钟。

方法2：训导员准备好肉肠，切成寸丁，放在口袋里，牵犬来到训练场或训练室中间站好，身体向左转，横立在犬的右侧，左手在犬脖圈后面，持住引绳，用右手拿出几块肉放在手中，让犬嗅到后上举，再向犬脑后方移动，同时发"坐"的口令，因犬重心移动，犬会自然坐下。初练犬只要坐下，就给吃食，但要等举食和发命令后方可以给，反复几次练习后，犬会因训导员举手而立即坐下，这时持肉的右手就不用后移了。

接下来就要规范训导员和犬的动作了。训导员左手持绳与犬正面对站，右大臂向右平伸，小臂向上伸直，掌心向前，同时发"坐"的口令，犬坐下后投食给它吃。食物训练时，持肉的右手上举，后移，犬自然会坐下，但有些犬会后退几步才坐下。这次训练就要规范它坐下的动作。与犬面对面站好，左手拉紧引绳，不给它向后退的余地，发"坐"的口令，同时举起右臂做出手势，犬因引绳拉得过紧而不能够后退只好原地坐下。犬按要求坐好后，要及时表扬。记住每次发"游散"前，别忘了拍一拍犬的前胸。

训练时间：1天，每日2次，早晚训，每次30分钟。

第二课：坐定

训练目的：像上一节课所说的一样，作为其他课做准备以及巩固犬的服从性。

训练方法：训导员牵犬在训练场地中间站好，命令犬坐下，训导员将左手的引绳松开放长一些，右手食指指向犬，发"定"的口令，眼睛注视着犬，向右慢慢地移动一两步，这时犬如果安静的坐在那里不动，再向左移动回原来位置，对犬说"很好"来奖励它，通常情况下，训导员在最初向右移动时，坐在地上的犬都会随着训导员的移动而动，这就是为什么训导员要慢慢地移动了。在慢慢移动的过程中，如果犬要动，在犬想动而未动时，训导员立刻停下移动，随着训导员的停下，犬也会停下，训导员停止移动，而犬还在动，这时就要用严厉的音调说"定"或"非"，并伴随着向犬后下方顿拉牵引带的刺激，使犬回到原来位置，重新坐好。如此反复训练，逐渐增加步数。要学会用眼神和动作控制所训导的犬。

注意：犬如果移动，一定要让犬回到原位置坐好。每次奖励，要回到犬体右侧站好后，再奖励。

训练时间：2天，每天2次，早晚各1次，每次30分钟。

脱绳坐定。

第三课：脱绳坐定

训练目的：这课是不用引绳，犬还能很好的坐下与坐定。

训练方法：训导员牵犬进入训练地中间，令犬侧坐在训导员的左边，将引绳的另一端拿在左手中，向右慢慢移动一两步。口中不断念"定"的口令，从犬的右边向犬前方，绕犬慢慢地行走，眼睛注视着犬，犬若不动，退回原来的位置，站在犬的右侧，对它进行奖励，然后重新开始，从犬的右边向犬前方，再由犬前方向犬左边移动，犬若不动，顺原路退回原来位置，站在犬的右侧进行奖励。按以上方法反复训练，从绕半圈到一圈，再到两圈。犬若不动这一关就算过了。接下来将引绳扔在地上，训导员从小圈到大圈，围着犬转。

注意：当绕到犬体后左方向时，大多数犬会动，因为它看不到，这时要有耐心，不要急于求成，刺激过大将事得其反。反复练习几回就过去了，或者变换一下方式。别忘了"游散"前拍一拍犬的前胸。

训练时间：1天，早晚各1次，每次30分钟。

第四课：坐待延缓

训练目的：训导员命令犬坐定后离开犬到其他地方观察或隐蔽起来，犬应在原地等候主人回来。

训练方法：延缓训练，训导员令犬坐定，离开犬前行十几米远转身面对犬站好后，返回来从犬左边绕到犬右边站好奖励表扬犬。照此方法，逐渐延伸训导员与犬的距离，由近至远，远近结合，直至离犬60米以外，训导员隐蔽起来，犬仍能坐着不动，坐缓训练才算完成。但若犬离开位置寻找主人，这时就应立即从隐蔽处出来，厉声道"非"，拉犬回到原地令犬坐下后，继续往前走隐蔽起来观望犬是否还在移动，犬若不动，返回犬右侧站好表扬犬，反复训练，逐渐延长隐蔽时间，每次都要回到犬右侧站直后进行奖励，然后拍一拍犬的前胸令其"游散"。犬对坐缓形成后，训导员可结合随行进行训练坐。

坐待延缓。

第五课：随行中坐

训练目的：行走中命令犬坐下等待任务，接到命令继续工作。

训练方法：犬对坐缓形成后，训导员就要结合随行进行训练了。在随行途中令犬停步侧坐的训练方法是，训导员牵犬来到训练场起点，令犬侧坐后发"靠"的口令，命犬随行，随行 30 米左右时发"坐"的口令，同时持牵引带的左手向后拉一下提醒犬坐下。坐定 3 秒钟后再发"靠"的口令，同时左手向前拉一下牵引带提醒犬跟随，随行到 60 米后，左脚在前向里叩顺时针向后转，顺原路返回随行，后转时左脚向里叩，以左脚为轴向后转迈右脚，转的同时要拉紧牵引带，使犬紧靠着训导员左脚向后转，顺时针后转中，可以用食物引导，不可生拉猛拽。向后转再随行 30 米发"坐"的口令，犬坐下 3 秒后发"靠"的口令，令犬随行到起点，后转坐定。坐定后拍一拍犬的前胸，然后右手向前挥，同时发"游散"的口令，让犬放松一下，等待下一回的练习。

通过反复练习逐渐去除牵引带的提醒和食物的引导。

训练时间：1 天，2 次，早晚各 1 次，每次 20 分钟。

第六课：随行中甩坐

训练目的：这课的目的是为了日后实战作准备，随行中甩下犬令其坐下守住要道吸引对方，主人绕到敌人的侧面或后面夹击敌人。

训练方法：训导员牵犬来到训练场起点令犬侧坐，待坐定后发"靠"的口令，令犬随行。随行到 30 米时发"坐"的口令，同时左手将牵引带向后一拉提醒犬坐下，然后将牵引带扔到地上，继续向前行走，如果犬随行，将牵引带向后拉的力度加大一些，但不要过大（因犬而异），犬坐下后将牵引带扔在地上，继续向前行走。前两次不要走得离犬过远，3~5 米就可以返回犬右侧令犬继续随行，训练甩坐要逐渐延长与犬的距离，但要长短结合。

通过反复训练，最终去除引绳。

训练时间：1 天，2 次，每次 15 分钟。

第七课：复杂环境中坐

训练目的：锻炼犬的抗干扰能力，为实战作准备。

训练方法：当犬能在训练场及训练室服从指挥做出随行途中坐、甩坐、坐缓时，训导员就可以带犬外出训练了，初次训练先到人少或没人的地方，但要事先安排两人在旁边观看，通过反复训练逐渐增加人数。复杂环境，能锻炼犬的抗干扰能力，但犬会受到外界的影响，而破坏它的注意力和动作。因此，训导员要适当的使用强迫手段，使犬逐渐适应各种环境。

训练时间：长期，每次 15 分钟。

第三节　靠

训练目的：靠是随行、坐、前来等能力的组成部分。要求犬能根据指挥迅速而正确地做出靠的动作，而且将这一课与有关的课目联系起来。正确的靠的动作是平行靠在训导员的左侧与训导员保持同步。

口令："靠"。靠就是让犬靠在主人的左腿外侧跟随不能离开。

手势：左手自然抬起，轻拍左腿外侧。

主要的非条件刺激：牵引带控制。

训练方法：甩靠式训练方法：训导员牵犬进入训练场地，令犬正坐，训导员面向犬站好，左手反拿犬脖套引绳的根部，然后发"靠"的口令，同时用持绳的左手向左轻卷引绳，右脚轻拨犬的左侧，使犬

靠。

体转过来，靠近训导员左侧坐下。初期犬只要有移动，就要及时奖励。随着训练的进展再逐渐规范其动作。

甩靠可以在随行中用，当犬离开正确位置时命令犬做出靠的动作，也可以在前来后命令犬靠。

绕靠式训练方法：令犬正坐，训导员面向犬站好右手持绳，在发"靠"的口令同时，右手拉引绳贴着自己右侧身体向右后方牵引，将右手持绳换到左手持绳，左手从后面接过引绳再引向左侧，使犬体绕过来，令犬靠近左侧坐下，中间过程不可以停顿，犬坐下后要及时奖励，奖励及时有利于速度的提升。

绕靠可用在前来后命令犬靠。

训练时间：2天，每日4次，每次15分钟。

第四节　游散

训练目的：游散其实就是一种奖励，用来缓解犬在训练作业中引起的神经紧张状态。在训练中运用好游散，会带来意想不到的效果。

口令："游散"。训导员发令时心情要愉快，训导员高兴犬也高兴，接下来训练犬会很乐意。

手势：右手轻拍犬的前胸，然后向犬活动的方向一挥。

主要的非条件刺激是：训导员轻松的诱导动作。就是说让犬游散但犬还在犯傻时，就要和犬一起跑，诱导犬游散。

第一课：游散

训练目的：让犬明白出犬舍不都是训练，也有高兴可玩耍的事。

训练方法：训导员从犬舍把犬牵到训练场地，左手持引绳，右手轻拍犬的前胸与犬一起向前奔跑，同时连续发出"游散"的口令，待犬兴奋之

游散。

余放松引绳，用右手向让犬去活动的方向一挥，指挥犬进行游散。开始时可以跟随犬跑，当犬跑到训导员前面时，训导员渐渐的把速度降下来，让犬自由活动。犬自由活动会排出大小便，犬在游散场所排除大小便也是防止犬在训练中有排便现象。犬排便后，训导员应立即唤犬前来，犬若不来则用手顿拔训练绳，缩短与犬之间的距离，促使犬前来，犬来到训导员跟前后要及时抚拍犬，给予奖励。然后牵引犬到训练场地进行其他科目训练。

训练时间：每次训练其他科目前进行游散活动，时间一定要短，控制1分钟之内。

第二课：随行游散

训练目的：缓解犬在随行时的紧张状态，为了更加训练好随行。

训练方法：训导员在训练犬随行中发现犬有点儿紧张时，可俯下身用右手拍一拍犬的前胸，然后右手向前挥发"游散"的口令，让犬进行游散，但右手的引绳不要松开，持住引绳的一端让犬进行游散，时间不要过长，5秒后用温和的音调发"来"的口令，犬来到训导员身边让犬站起身与训导员互相抱一抱，双手拍一拍犬，记住这是对犬最大的奖励不可滥用，只可用在犬精神最紧张和犬在训练中表现最令人满意时使用。犬回到身边，抱完之后，趁犬兴奋之余，继续进行下一步的训练。犬完成随行全部过程回到起点后，拍一拍犬的前胸，右手向前挥发"游散"的口令，表示奖励。

在训练中练习游散，训导员要始终保持活泼、愉快的表情，犬才会消除紧张的状态。在欢快中完成接下来的训练，才会收到意想不到的效果。

训练时间：1天，2次，每次30分钟。

第三课：结合科目练习游散

训练目的：基础科目训练会给犬造成精神紧张，在训练基础科目中运用好游散，犬会在整节课中保持兴奋状态。

训练方法：训导员在训练基础科目中发现犬有紧张状态时，首先用右手拍一拍犬的前胸，然后再发"游散"的口令，同时右手向前挥，指挥犬进行游散，训练中最好不要等犬有了紧张状态时再让犬进行游散。应当在犬紧张之前练习游散，可在训练中或一小节结束后练习游散。

训练中穿插进行游散练习，必然会给犬造成纪律散漫，犬会出现在未发令前进行游散活动。所以要在训练中保持犬的服从性，严格遵守一令一动的原则，服从是唯一方法，保守是其职务，不能让犬为所欲为。

训练时间：结合科目穿插进行训练。

第五节　衔取

衔取是众多科目中最难训的一课，如在犬初生两个月左右玩衔物游戏，认真教养，待日后正规训练衔取，就容易多了，否则非常困难。

衔取，就是将物品放在口中的意思，这项工作应当让犬经常练习，为以后训练基础科目、追踪、鉴别、搜索、拖取重物或拖咬罪犯打基础。狗的天性是非常喜欢衔取扔出、掷出的物品的，所以主人要在犬小的时候与犬做这样的游戏，为日后的训练打基础。但不可以和犬在玩衔取过程中做移荡游戏，如果移荡成了习惯，再想改正就难了，也不可以让犬认为训练是在游戏，应让犬养成服从意识，不能让犬想做什么就做什么，而是让其做主人想做的事。

衔取训练应注意以下几个问题：

1、为保持和提高犬衔取的兴奋性，应选用令犬兴奋的物品，衔取物品要经常更换。训练次数不能过多，时间不要过长。对犬的每次正确衔取，都应表扬奖励。

2、制止犬随意乱衔物品，养成犬按主人指令进行衔取。

3、犬有一定的衔取基础后，应多练习送物衔取，少练抛物衔取，否则犬会衔动不衔静。

4、初玩衔物，为了提高犬的兴奋性，可在犬面前摇晃物品，但决不可在犬衔住物品后做移荡游戏，移荡成了习惯，当训导员接取犬衔取回来的物品时，犬会主动做移荡动作，那时想改就难了。在犬面前摇晃物品要逐渐减少或取消摇晃物品的引诱动作。

5、不能让犬将衔取物品损坏，要及时纠正犬在衔取时撕咬。

6、不能让犬将衔取物品吐在主人面前的地上。主人不应过早、过多的奖励犬，要在接物后再给予奖励，接物动作不能过猛，不能过于突然。

衔取。

7、犬在衔取到物品后，绕转数圈才将物品交给主人。那就要用长引绳控制了。

8、在衔取训练时不能用牵引带、项圈等物作为惩罚工具。

9、在衔取训练时要善待犬，刑罚在这里不仅不利于训练，反而会阻碍训练工作。

10、对犬要有耐心，经常温习衔取，才能达到理想效果。

11、一只犬是否具备衔取资格，一定要细加观察，如果犬不会衔取，那么就根本不具备作一只工作犬的资格。

12、衔取是众多科目的基础，是训练工作犬的重中之重。

第一课：开启衔取意识

训练目的：为衔取工作做准备，开启犬帮助人的愿望的意识，并且必须让犬仔细轻取衔物，以免损坏物件。

训练方法：选择在训练室，先与犬行走，到中间空地停止，命令犬坐下。把绳子扔在地上，站立在犬前面用左手执犬口在大拇指和食指之间，用右手拖住犬头，使犬头抬平，命令"衔"，同时用左手的大拇指与食指轻压犬唇，等到犬张开口后，迅速用带有手套的右手插入犬口中，口中不断念"衔"的口令，犬如果扭动抵抗，可以不必理会，等到犬头不动后，立即命令说"吐"或"放"，将右手慢慢从口中抽出，然后赞扬奖励犬。温习这课，而且尝试着延长放入其口内的时间。必须注意，务必让犬在听到"放"或"吐"的口令后立刻松口，并且必须等到犬安静后，才能发"放"或"吐"的口令，不要忘了奖励。像这样练习 10 次后，立即与犬行走，再次练习。谨慎注意不要在犬能够自己开口的时候，再压犬唇。犬在理会后，就要细心轻压犬唇了。

练习时间：1 天，2 次，早晚各 1 次，每次 30 分钟。

衔待延缓。

第二课：衔待延缓

训练目的：让犬能够长时间衔住物件，不用训导员的手托持犬口。

训练方法：在训练场或训练室的中间站定，把绳子扔在地上到犬面前命令犬坐下，右手持草把，打开手掌，放置在犬口前，命令"衔"用右手的大拇指，慢慢将草把，推入犬口，犬如果不衔，就用左手轻压犬口的两边，等到衔取后，立即用右手托住犬腮，就是下颚，稍等片刻，移开右手命令犬独自衔取草把，但训导员口中要常念"衔"口令。尝试一下，后退一步看犬是否还在衔着，如犬还在衔，然后逐渐延长时间到 2~3 分钟，再用右手执草把的一端，过一会儿命令"放"。抽出草把，训导员须要留意，等到犬衔取后，等待一会儿后，命令"放"使犬知道务必听到"放"字的口令后，才可以吐出所衔取的物品，因此需要让犬一会儿衔一会儿放，再三练习，中间可与犬行走。

练习时间：1 天，2 次，早晚各 1 次，每次 30 分钟。

第三课：抛物衔取

训练目的：让犬学习听到命令后从地上自行衔取物品。

训练方法：放置草把在训练场地中间，先与犬行走数次，命令犬在犬头对草把约 1 米的地方坐下，左手持绳子，右手拿起草把，命令"衔"的同时，把右手的草把，扔到离犬大约 0.5 米的地方，犬如果衔取，就表扬说"好"，与犬行走几米后，再令犬坐下，命令"放"吐到训导员手里，再次把草把扔到

抛物衔取。

几米的地方，令犬前去衔取，反复练习几次，逐渐仍到几十米远，令犬衔取。

练习时间：每天 1 次，每次 30 分钟

第四课：送物衔取

训练目的：让犬学习衔取距离稍远的物品，并且让犬持衔取的物品前来。

训练方法：命令犬坐下，训导员站在犬的边上，放置草把在离犬一步的地方，过一会儿命令"衔"，同时弯屈训导员的身体，用左手指草把，等到犬衔取后，立即命令"来"，赞奖犬，然后命令犬坐下，再赞奖犬说"很好"，等待数分钟后，立即用右手执草把的一端，过一会儿命令"放"。

尝试放置草把在距离稍远的地方，延长放置时与犬发令时的时间，等到犬衔取后，命令说"来"，须要命令犬迅速前来，以及立刻坐下，不要让犬先到别的地方后再来。

练习时间：1 次，30 分钟

第五课：衔取前来

训练目的：犬衔取到物品必须迅速回到主人身边跟随。

训练方法：令犬正坐或正面站定，面对犬下令让犬衔取草把，等到犬听从命令衔住草把一会，用左手执绳，右手持草把，命令"来"并向后退，犬如果能够跟随，把草把还衔在口中，就尝试着舍去训导员的右手，转身让犬在后面跟随，用标准的随行在训导员左边行走。注视犬，犬如果想放下草把，就迅速命令"衔"用左手顿拔犬，用右手阻碍犬张开犬口，命令坐下，过一会命令"放"然后接过草把。

令犬坐下，然后让犬衔住草把，训导员走到犬的前方 20 米处面对犬站好，3 秒后发"靠"的口令，同时平伸出左臂手心向下，当犬来到面前用肉跟它换取草把。

命令犬侧坐训导员身边面对前方，把草把抛向前方 10 米处后令犬衔取，

犬衔住草把命令犬来，犬来到训导员跟前令犬面对坐下，然后用肉换取草把。

令犬坐下，拿起草把走向犬正前方 10 米处，把草把放在地上后返回犬身边站好令犬前去衔取，犬衔回令犬面对坐下，拿住草把后命令犬放，用肉奖励犬。

练习时间：练习 2 次，每次 30 分钟。

第六课：衔取稍重物

训练目的：让犬学习衔取稍微有重量的物品。

训练方法：依照前面方法训练，草把里增加重量，让犬不要感觉草把一下就重了，要逐渐加重，慢慢用铁砂增加到 2.5 公斤为止，行走时须要留意千万不要用绳子或其他东西撞到草把，导致犬受到外界影响，把草把吐掉，随行一小会儿，然后命令放下。

练习时间：1 天 3 次，每次 30 分钟。

第七课：衔取各种物品

训练目的：让犬学习衔取各种物品，虽然重量、种类、质地不一样，也必须衔取。也是为日后训练使用科目做准备。

训练方法：依照第三课的训练方法，选择各种物品，进行抛物，送物的衔取前来训练。第一次练习时，可以先将物品送到犬口里，每次衔取都要发令"衔"、"放"，用肉换取。

衔取物品最好选择：手套、各种各样的鞋、衣物和作案工具以及金属制品等。

训练抛物、送物的衔取，要从近至远，远近结合来进行，重量要从轻到重。

要经常让犬衔一衔训导员带手套的手，目的是防止犬衔其他物品时破坏物品。

第八课：衔拖重物

训练目的：让犬学习能迅速衔拖放置在距离稍远处的重物，以及迅速前来。

训练方法：先准备好一个空袋，令犬衔取，逐渐增加袋子的重量，开始可以不用放置在过远的地方，只须让犬迅速衔拖以及迅速前来。

衔拖物品要多样化，重量要逐渐增加，衔拖过程中不可半途而废，衔拖距离要从近到远。

训练时间：经常训练。

第九课：适应各种场地衔取

训练目的：离开训练场或训练室，犬应当在别的地方也能够练习衔取，不受外界因素干扰，增加犬的服从性以及巩固犬的衔取。

训练方法：带犬到训练场或训练室以外，选择一块草地或田野等地方，先从简单的衔取开始，然后练习各种各样物件的衔取，如果犬有抵抗、违命、耍滑、散漫等情况，用厉声发口令告诫犬。这课以后也可以经常练习，能够增加犬衔取的效果，时常变更地点以及衔取物件。

训练时间：2次，早晚各1次，每次30分钟，以后可经常练习。

第十课：衔取通过障碍

训练目的：犬应当学习在衔取物件后能够跨越途中所有的障碍。学习这节课为以后训练通过障碍做准备。

训练方法：在训练场选择一合适的地方，放置一个板墙，设立两根槽钢，高2米，宽1.8米，木板每块长1.8米，宽20厘米，板墙能渐渐增加到2米为止。

训导员牵犬来到板墙前2~3米处，面对板墙坐下，用短绳牵引犬，命令"来"，行走过板墙，从第一块走起，每次能熟练的跳过去，就增加一块木板，增加到 60 厘米时，训导员带犬跑向板墙前，命令"跳"，同时将左手持牵引带向板墙的上方一提，用左手紧靠墙的右侧，行走过板墙，当犬跳过板墙后，要及时给予奖励。反复训练，尝试去除犬的引绳。跳越板墙时，要有去有回。

去除引绳，让没有牵引的犬站在板墙的前面命令犬坐下，把草把投过板墙，然后命令犬"衔"，训导员可以走到靠近板墙的地方观察犬，在犬衔取草把后仍然越过板墙而且返回，然后命令犬坐下再命令"放"。

用不太重的袋子与犬练习衔取，渐渐增加袋子的重量到 2.5 公斤为止，然后命令犬衔取有重量的袋子，反复跳跃半米高的板墙，中间可以休息一下，接下来，命令犬"坐下"再命令"坐定"，训导员过去增加一块木板，然后命令犬来回跳跃数次。等犬能够跳跃自如后逐渐加高板墙到 1.2 米。训练中不可让犬过于劳累，不要让犬咬得太紧。

训练时间：3 次，每次 30 分钟

第十一课：跳跃坑穴衔取

训练目的：让犬学习在衔取物品后跳过宽阔的坑穴。

训练方法：用绳子牵引犬，绳子必须松持，与犬行走到宽 1 米的空穴边，与犬一起跳过去，像这样练习几次，然后除去犬的引绳认犬衔取几次草把，再命令犬坐下，头朝向坑穴，犬"坐定"后，训导员自己跳过坑穴，在前行 5~6 米呼唤犬"前来"，而自己不要停下继续往前行，犬如果跳跃过坑穴，就立即停止，命令犬坐下，奖励犬，让犬衔取草把。

等到犬能熟练地跳过坑穴，训导员牵犬走到有坑穴的地方，令犬坐下把草把投过坑穴，但一定要让犬看见，然后命令犬衔取，犬衔取到物品后令犬前来返回原来的地方坐下。如果犬不跳过坑穴，带犬一起跳过坑穴，衔取到物品后，返回到起点。通过反复练习，逐渐尝试用有重量的物品练习这节课而且增加物品与坑穴来去的距离到 50 米远，练习要求，训导员要送物到对面，返回到原来的位置再令犬前去衔取。

练习时间：3次，每次30分钟。

第十二课：开启犬的嗅觉

训练目的:让犬学习运用鼻子的知觉,时刻跟随训导员寻找丢失的物品,这课为以后训练搜索坐准备。

口令："搜"、"衔"。

训练方法：牵犬来到一块田地或长有野草的地方，先让犬衔取平常衔取的而且带有训导员气味的东西，像锁链、手帕、钱包、帽子等物件。衔取时，可以不用绳子牵引，让犬自由行走，训导员把衔取物件投向犬看得见的地方，令犬衔取，距离要从近到远，草地的草要从矮到高，这样犬因距离过远，不能同时到达，也因草长得过高不能看见，只能用鼻子去嗅，通过反复练习，犬会初步掌握用鼻子寻找有训导员气味的物件，千万不要忘记，当犬寻找到物件后及时给予它奖励。

训练时间：3天，每天2次，早晚各1次，每次30分钟到1小时。

第十三课：嗅闻足迹寻找物品衔取

训练目的：让犬学习用鼻子跟随训导员的足迹寻找训导员丢失的物件，然后令其衔取。这课为以后训练追踪做准备。

口令："嗅"、"踪"。

训练方法:清晨选择一块没有人经过的草坪，牵犬来到地边，把犬栓好，让犬看到训导员走过的草地放置的物件，回来令犬沿训导员走过的草地寻找训导员放置的物件，同时发"踪"，右手食指指向嗅源和训导员走过的迹线发"嗅嗅"。

布置足迹线时要从5米布起、15米、30米、60米、100以上，布足迹线时，中途要佯装几下放物品的动作，以引起犬的注意。初训为了加浓气味，在布足迹线时可蹭着地走，放置物件后，请绕道返回起点。接下来，牵犬来到起点，左手牵犬，右手食指指向起点发"嗅嗅"的口令。当犬低头嗅认时，牵引犬顺着训导员的足迹向前行走，行走过程中，要不时地发"踪"的口令，一直引犬来到放置物件的地方，令犬衔取物品，要及时表扬奖励。初训不要要求太高，犬会通过反复练习，自然就找出窍门，它发现顺着训导员布置足迹线的味道和破坏草皮发出的气味就能寻找到所放的物件。

训练时间：3 天，每天 2 次，早晚各 1 次，每次 1 小时。

第十四课：嗅闻陌生人足迹寻找物品衔取

训练目的：犬既然能够学习寻找主人物件，这时应当让犬也能够寻找其他人遗落的物件，这课是为以后刑事案件做准备，让犬能够按照逃犯的踪迹寻找逃犯遗落的物件以及嗅闻物件的气味确定是什么人所做。

训练目的：先请一个陌生人在训练场等候。让等候的人给训导员一件他常用的物件，拿着这个物件让犬衔取几次以后，再还给那个人。让那人走过 10 米，把物件遗落在地上，遗落时，可以让犬看见，再命令那人走到别的地方藏起来。全都完成后，牵犬来到那人走过的起点，左手牵引下拉，右手食指指向那人的足迹，让犬嗅闻，命令犬向那人行走足迹的方向前行，发"嗅嗅"的口令，一直引犬沿着那人的足迹来到遗落物件的地方，令犬衔取，衔取后立即奖励。训练时，须要注意，让那陌生人不要乱走，要有定向的行走。通过反复练习，逐渐增加寻找距离，等到犬熟练寻找到陌生人遗落的物件后，就可以让那陌生人足迹变的杂乱些。当那人遗落物件藏起来后，让犬找出那人遗落的物件，训导员站在犬边上监察犬的工作，不要让犬有错误的地方。初训时，可以选择一块松软的地方或没有人走过的草坪，使得能留下那人足迹的形状和带有被破坏草皮发出的气味，从而很容易寻找那陌生人遗落的物件。

训练时间：2 天，每天 2 次，早晚各 1 次，每次 30 分钟到 1 个小时。

第十五课：嗅寻掩藏物品衔取

训练目的：增加犬的直觉力，让犬能够独立工作，这课是为以后刑事搜索做准备。

口令："搜"。

手势：右手向寻找方向一挥。

训练方法：选择一个僻静而且多草隐蔽的地方，命令犬坐下，离开犬，然后来到离犬20余米的地方，把犬平时常习惯衔取的物件，用手在地上挖一个坑掩盖起来或用草苔掩盖，第一次要露出一点物件，逐渐埋没，转身顺原路返回起点，告知犬踪迹，命令犬"嗅嗅"，犬顺足迹来到埋物件的地方，如顺利找到物件，要及时奖励，找不到物件，要指给它或把物件用手拿出一半令犬衔取。通过反复练习，逐渐增加足迹线的距离和掩埋深度。

选择一个草木聚集的地方，训导员行走时候可以左右乱走，打乱足迹，把物件藏在上面，必须小心铺盖，不要让铺盖的地方有异样，然后命令犬寻找衔取。犬如果顺利的寻找到物件就奖励它，如寻找费劲，就指给犬提示它一下，下次它就会上下嗅闻寻找物件了。通过反复练习，犬会准确无误的寻找到藏起来的物件。

让助训员前行，将物件藏起来，训导员带犬沿助训员的足迹寻找物件。通过上面十几课的训练，犬会很明白如何寻找物件。练习几次，让助训员奔走到草丛中打乱足迹，把物件藏好，令犬寻找发"搜"的口令，犬寻找到后要及时奖励。

训练时间：1天到2天，3次，早晚各1次，每次30分钟到1个小时。

第六节　吠叫

训练目的：培养犬发现情况进行吠叫报警。听从主人的命令，命令"叫"，立即吠叫，吠叫也是为了服务其他科目如：扑咬、搜索、巡逻和警戒做准备。

口令："叫"。

手势：右手食指在胸前点动。

主要非条件刺激：衔物、食品引诱和助训员逗引。

第一课：开起吠叫欲

训练方法一：

在早晨与犬去训练已经成了习惯时，犬在犬舍中看见训导员手持牵引带和颈圈过来，就会非常兴奋的欢迎，应利用这点入手教养犬，进入犬舍中抚摸犬身，把颈圈套在犬脖子上，与犬寒暄几句，然后马上将颈圈解除，并且转身向外走，随着训导员走远，犬必然不能忍耐，会发出呜咽声音，立即停止行走，诱导、招引、挑逗犬，时走时退，这时犬必有感觉，开始叫唤，训导员立刻停下脚步说："好"、"叫"，返回犬舍给犬美食或用温语表扬，带上颈圈与犬外出散步。

手势指挥犬吠叫。

第二天，把颈圈套上后，立即命令："叫"。犬如果听从命令就奖励犬，而且与犬外出散步。如果命令了5~6次后，犬还不理会，就马上解除犬的颈圈，依照第一天的方法练习，远离犬，时而走近，时而走远，用右手食指在胸前点动发"叫"的口令，诱引犬叫唤，犬一旦叫唤，立即说"好"、"叫"让犬吠叫一会。每次练习后，必须与犬外出散步。

训练方法二：

带犬到训练场或训练室，把犬栓好，离犬3米左右自己玩耍犬的衔物，有条件的话在受训犬旁边，犬够不着的地方再栓上一条经过训练吠叫的犬，与会吠叫的犬练习吠叫，让受训犬在一旁观看，当它发出声音，立即把衔物给它，走到犬身边赞奖犬，抚摸它，几秒钟后要过衔物继续逗引，初期只要有声音就立即投给衔物，逐渐规范吠叫声音，从小到大，从少到多。练习到听命令就能吠叫为止。

第二课：听令后吠叫

训练目的：这课应当让犬知道不是因为每次外出散步或拿衔物的逗引才吠叫，应该听到命令才能吠叫。

训练方法：犬在犬舍内和犬舍外栓系能吠叫后，就用绳引到训练场或训练室。在训练室，先解除犬的颈圈，站在犬前面，命令犬"吠叫"，犬如果服从命令，立即赞奖犬，带犬出去散步。如果不服从，训导员漫步向外走，口中不时的发"叫"的口令，到门外立即关闭门，在门上作敲击声，口中还要不时的命令"叫"，犬如果服从命令，就马上开门进入，再命令吠叫，有效就立即赞奖犬，套上颈圈与犬外出。

训练时间：等到犬在训练室听到口令，就能吠叫为止。

吠叫。

第三课：没有奖励也吠叫

训练目的：这课的训练，要让犬知道不是因为有各种奖励才能吠叫，而是要服从主人命令才叫唤。

训练方法：用绳牵引犬到仓库、车库、卧房……等地方，依从第二课的训练方法，命令犬吠叫，犬如果一时不能明白，就暂时离开这地方，等犬熟练能够吠叫以后再到这地方训练。记住吠叫后不必奖励，应该及时与犬外出散步。

训练时间：练习到犬能够在任何屋内听到命令吠叫为止。

第四课：随时随地听令后吠叫

训练目的：这课要让犬完全服从主人的命令，巩固犬吠叫的服从性。

训练方法：先在犬舍练习一次吠叫，再到训练室练习一次，然后随便选择一间屋，等练习熟练后，立即带犬外出散步。到犬时常游戏的地方，除去犬的颈圈，站在犬前面，命令犬吠叫，如果吠叫就安抚犬并且赞奖犬，任由犬自行游戏。如果不是就把颈圈套在犬脖子上，带犬行走几分钟后，再回来试一遍。

训练时间：等到犬在空旷无人的地方能吠叫后，就让犬在有人的地方吠叫，直到不受地方限制为止。

第五课：报警吠叫

训练目的：无论有无命令时，犬看见可疑情况都能够立即吠叫，提示主人，这课让犬知道责任在身的感觉。

训练方法：到平常带犬练习衔取的地方。放置一个人偶，用长 10 米的线系一圈，套在人偶的臂上，把线另一端放置在来到此地的路上。先让犬在犬舍中，训练室以及房内等地方练习吠叫，然后带犬到离人偶 50 步左右的地方，解除犬的牵引带，立即指向人偶，这时犬必然随训导员奔去，等到犬看见人偶后立即命令吠叫，犬如果不叫，拿起线的一端，拉一下让犬注意人偶慢慢举起的手臂，逗引犬，犬如果有感触，立即命令："叫"，犬如果服从命令而吠叫不停，就要及时赞奖犬，把牵引带给犬带上，带犬回犬舍等待下次练习。

这课必须练到犬能够不等待口令，看到可疑物品自行吠叫为止。并必须时常温习，让犬巩固这课熟练掌握吠叫科目，千万不要在平常疏忽了犬的教养，要有耐心不可以荒废，应当不厌其烦每日练习。

第七节　安静

训练目的：训练吠叫就要训练安静，让犬知道工作以外不可乱叫，要保持安静能力。

口令："静"。

主要的非条件刺激：轻击犬嘴。

训练方法：训练这一课应是犬对吠叫已达到纯熟的水平后才能开始。

训导员牵犬带到外面跟平常一样散步，让助手从远处逐渐靠近犬，犬发现欲叫时，训导员应立即发"静"的口令，并伴以猛拉牵引带的刺激，不许犬叫出声音。犬如果吠叫，训导员发"静"的口令同时轻击犬嘴，犬停止吠叫安静后，应及时给予赞奖。

在日常生活中抓住犬出现乱叫的一切时机，进行安静训练，像犬在犬舍中，没有受到外界干扰时，出现乱叫，训导员就要严格管教，用木棍敲击犬舍，或用石子投向犬舍，同时发"静"的口令，当犬安静后，应及时赞奖犬。

也可以结合使用科目一同练习，总之必须练到犬在工作以外不要乱叫为止。

第八节　传递消息

训练目的：这课的目的要让犬成为上司稳妥快速的传递人，以便帮助人在同工作内互通消息。作为报告传递的用途。

口令："报信"、"回去"。

手势：右手向让犬去的方向一挥。

主要的非条件刺激：食物引诱。

第一课：离开主人到助手那里要回东西

训练目的：锻炼犬离开主人到另一方向另一个人那里去，要回东西，再返回到主人身边。

训练方法：训导员选择一个空旷僻静以及四周有草丛的地方，让助手在清晨带上他平时常带的手套到训练场地去。

训导员牵犬来到训练场，从助手手里要过一支手套让犬衔取几次，当着犬的面归还给助手。助手接过手套转身向外走 50 步停下再转身面向训导员和犬，举起手中的手套在空中摇晃，让犬看见。训导员令犬坐下，解下引绳，右手向助手方向一挥同时发"衔"的口令，让犬前去。犬若不去，训导员领犬前往，犬来到助手面前时，助手要欢迎犬，把手套放置在犬口中。训导员见犬衔到手套，立即带犬回到起点。在起点跟犬玩几次衔取，接下来让助手回来，再把手套给助手，让助手回到 50 米外，转身面向训导员把手中的手套举起。训导员令犬坐下，解除引绳，右手向助手方向一挥发"衔"的口令，令犬前往。犬来到助手面前，助手要高兴地欢迎犬，把手套放到犬口中发"回去"的口令。训导员听到助手发"回去"的口令后马上说"来"，犬听到训导员的命令必迅速回到训导员身旁。犬返回后，立即命令犬坐下，给犬美味食品换取手套。像这样温习熟练后，在犬脖子上系一个信袋，当着犬的面把一张白纸放置在里面，然后右手向助手方向一挥，同时把"衔"的口令改成"报信"。助手听到训导员的口令后，立即举起手中的手套引犬前来，犬来到助手身边不要把手套给它，这次一定要喂犬肉吃，给犬带上引绳牵住犬，抚拍犬的左侧给予奖励。紧接着取出信件，读那张信纸，读完后迅速把信纸放回袋中，去掉引绳，用手指训导员方向发"回去"的口令。犬回到主人身边要及时表扬奖励犬和犬玩几次衔取。

第二天训练逐渐增加报信距离，训导员与助手的距离不要过远，应在犬能看见的范围内。第三天逐渐增加到 100 米之外，让犬只能看见草丛而看不见助手。以后可以增加到 300 米远甚至更远。距离过远的地方只可以命令犬往返通报一次。

在黑夜也可以练习这课，而且要慢慢延长等候信件的时限。

训练时间：5 天，每天 2 次，每次 30 分钟。

第二课：迎候报信犬

训练目的：在危险紧急的时候，凭借工作犬的力量迅速传递消息到报信点或值班室请求帮助。

训练方法：选择一处报信点或一个值班室，让助手事先到那里等候。训导员与犬一起来到这里，让助手和犬玩一小会儿，安抚犬身奖励一下犬。然后和犬一起到房门口，助手站在门口，训导员牵犬来到，50 步外停下，命令犬坐下，把信袋系在犬脖颈上，用一张白纸把所有的报告写在上面，要让犬看见，然后把信件折好放置在袋中，用手向助手方向一指发"报信"的口令。犬如果能够娴熟上一课的内容，这时必然有效向助手方向跑去，因为犬知道助手那里有美味。助手要在门口欢迎犬的到来，用引绳牵住犬，边表扬边牵引犬进屋，进屋后令犬坐下，打开信袋，用兴奋的样子取出报告，喂犬美食，看过信件后把信纸折好放置到袋中，牵犬到门口，除去犬的引绳用手指指向训导员方向命令犬"回去"。犬回到训导员身边令犬坐下，从袋中取出信纸后奖励犬美味。紧接着牵犬到离助手 100 步外令犬坐下，再次复习上面的东西。这时可以与助手说明，不必在门口等候，可以到门内等候，但门须要开着。距离增加到 200 米远，训练中犬每次到来必须牵引犬进屋内，而后取出信纸再奖励犬美食。这样可以让犬知道，这是在传递消息也是一个必要的过程，是必须遵守的。

第二天可以增加到 300 米远。到第三天练习时，让助手在约定的时间到指定的值班室或报信点等候。训导员从犬舍牵出狗，直接去第二课的第一天第一次 50 步处与练习的地方，令犬报信。助手要在门口迎接犬进入室内，一定要给犬带上引绳牵引犬进屋，拿出信件，奖励美味，看完之后放回袋中再命令犬"回去"。像这样练习逐渐增加与报信点的距离，以后可以牵引犬换一个方向，到一个生疏的地方命令犬传递消息。最终从居住的地方直接令犬去报信点"报信"，这课就算练习完成。

练习时间：2 天，每天 2 次，每次 3 个来回。

第三课：室内等候报信犬

训练目的：让犬到报信点报信，看见门关闭，立即吠叫。室内人员听到报警要开门相迎，迅速取出信件读信，不可有延误。

训练方法：训导员用引绳牵犬到报信点与助手同在门前，令犬坐下，解去犬的引绳，再命令犬坐定。然后与助手一同进入屋内，把门关紧。1 分钟后，稍微开启点门，在门缝处诱导犬"叫"。犬若叫就让犬进来，赞赏犬美味。再次牵犬到门外，命令犬坐定，然后退进屋内关好门，这次助手到室内门口命令犬"叫"。犬吠叫后，助手打开门给犬带上引绳牵引犬进入屋内，命令犬坐下给犬美味。助手要和犬多练习几次，逐渐取消让犬"叫"的口令，退回屋内等候犬自行吠叫"报警"，再把门打开牵引犬进来。

接下来训导员与犬一起出门，在距离门口 50 米处停下，令犬坐下后发"报信"口令让犬返回报信点。门应该是关闭的，助手也应在门后等待。训导员和犬来到门前令犬坐下，口中命令犬"叫"不要停止，让犬吠叫 3 分钟以上，室内的助手才可开启房门，迎接犬入内，犬进屋后令犬坐下喂给犬美味食品。这天要训练犬到熟悉为止。

训练的第二天让助手在预定的时间，在报信点等候。训导员牵引犬到最初命令犬报信传递消息的地方，令犬坐下后发"报信"的口令，并用右手向报信点方向一挥。犬来到报信点门口时，助手应立即欢迎前来的犬，用引绳牵引犬到室外门口，这时房门是关闭的。助手边推摇门边命令犬"叫"，犬如果吠叫，立即开门，牵引犬进入。进门后令犬坐下，取出信件，给犬美食。读完信件后放回信袋，然后命令犬"回去"。犬回来后，训导员立即增加训练距离。命令犬坐下，当着犬的面在信纸上抄写几行字，接下来把信件放置在犬脖颈上的信袋里，命令犬"报信"到报信点去。这时助手要在室内等候，把门紧闭。犬来到门前有推、剥啄和呜咽时，助手立即在门内命令犬叫，犬如果叫就立即开门用引绳牵引犬进来。犬进门后令犬坐下，取出信件，奖励犬，读完信件放回袋中后命令犬回去，这个过程必须做。这天要训练到犬看见门关闭能够自行吠叫为止。

第三天训练可以逐渐增加到 300 米远，吠叫时间要逐渐增加到 3 分钟。

训练时间：3 天，每天 2 次，每次 30 分钟。

第四课：接受其他穿制服的职员

训练目的：让犬能够习惯于在传讯工作中，在报信点有陌生的职员也能接收信件读取以及把回信送返给训导员。

训练方法：紧闭报信点的门，助手也不在这里，在门后有一个陌生的职员等候。训导员牵引犬到第一次训练传递信件的地方，依照以前所学习的方法，让犬到报信点"报信"。犬如果在报信点门口吠叫，门内等候的陌生穿制服职员立即开门，让犬进来，再把门关上，命令犬坐下，取出信件后立即给犬喂好吃的食物。这次不可以在门口用引绳牵犬引进屋，取出信件要迅速放回原处，奖赏后打开门命令犬"回去"。第二次尝试选择距离稍远的地方与犬练习。

依照上述训练的方法，要时常练习，以后让犬在传递消息时可以不必预先通知助手和职员。只须要让助手或职员在犬到达的时候，立即接收读取信件，奖励犬。读取信件时必须要让犬看见。训导员也可以不必在固定的地方等犬返回，也可以随意去其他地方让犬去报信，还可以让犬自行寻找训导员在的位置。

注意：训练时陌生职员一定要穿和训导员一样的制服。

训练时间：2天，每天2次，早晚训。以后要经常训练，加大难度。

第九节　卧

训练目的：训练卧是为了使犬根据主人的指挥迅速正确的卧下，并能保持卧待延缓的持久性，卧是扑咬的组成部分也是为训练匍匐前行做准备。正确卧下的姿势是，前肢肘部以下着地平伸向前，与犬体同宽，后肢紧贴于腹部着地，头自然抬起，尾部自然平伸于后。

口令："卧"。

手势：右手上举，然后向前伸平，掌心向下。

主要非条件刺激：拉扯脖圈引绳和食物引诱。

第一课：卧下

训练让犬卧下，初期是犬最不乐意做的一种事情，训起来比较麻烦，在这里多讲几种让犬卧下的方法，要因犬施教。

训练方法一：

令犬正坐面向训导员，训导员站在犬前方弯下身，两手握住犬的两前肢向犬前方引拉，同时用温和的音调发"卧"的口令。犬只要卧下就要及时表扬奖励，不要纠正它

卧。

的卧姿，犬卧下片刻，再令犬起来。

训练方法二：

令犬侧坐于主人左侧，主人右腿跪地，左腿后退，左手从犬背上伸过去握住犬的左前肢，右手握住犬的两前肢，在发"卧"的口令的同时，将犬的两前肢向前引伸，并用训导员的左腋下压犬的肩胛处。有些犬会在这种刺激下被迫做出下卧的动作，但大部分犬会做出反抗，皮肤敏感的犬不适宜此方法。犬卧下后应给予抚拍和食物奖励，初次只要卧下就给犬奖励，不必太认真，通过反复几次训练逐渐纠正犬的卧姿和延长犬的卧待时间。

训练方法三：

训导员令犬坐定后横站在犬的右侧，弯下身用右手握住犬的两前足，在发"卧"的口令的同时，将犬的两前足向前一拉，并用左手轻按，下压犬的肩部或用引绳轻击犬的肩部迫使犬下卧。犬卧下后要及时奖励，卧下片刻要结合游散，缓解犬的紧张状态。

训练方法四：

训导员牵犬令犬横坐在面前，右脚伸到犬肚皮下面，两前足后面，在发"卧"的口令的同时，将训导员的右脚向犬的前方横拨，同时双手也要在同一时间轻按犬的肩部向下压迫使犬卧下。犬卧下后要及时奖励，要结合衔取、游散来缓解犬神经紧张状态。

以上四种训练方法，会给犬造成不小的精神压力，犬还会出现身体歪斜和头倒地不起等不正确姿势。后面的工作更加麻烦，需要用大量强化工作给犬纠正姿势。所以，以上四种训练方法，经验少的训导员尽量少用。

训练方法五：

此方法适合年轻的训导员，首先选择一个高 80 厘米，150 厘米见方的台面。训导员牵犬，令犬到高台上坐下，训导员站在台下，面对犬左手持引绳，右手拿肉块，对犬进行向下引诱，同时发"卧"的口令，犬会在食物的引诱下做出下卧动作。犬若不卧，可以用左手将引绳向下轻拉，边引边喂，直到犬卧下后轻拍犬体给予奖励，稍等片刻，令犬起立，然后按照此方法反复练习，直至犬对"卧"的口令形成条件反射，方可转为地面训练。

训练时间：2天，每天2次，每次15分钟或30分钟。

第二课：卧定

卧待延缓。

训练目的：卧定是为了巩固犬对卧的服从性。听到主人的指挥迅速卧下，保持卧姿的持久性。

训练方法：当犬对卧形成条件反射后，训导员牵犬进入训练场地，令犬侧坐，然后发"卧"的口令，把引绳放到地上，训导员向右移动一两步，回到原处进行表扬，接着继续向右移动2米，再向犬前方、左侧、后面、右侧绕行回到起点给予奖励。训练卧定跟训练坐定方法相同，因有训练坐定的基础，所以这节课训练起来比较省力。

训练时间：1天2次，每次20分钟。

第三课：犬看到手势迅速卧下

训练目的：是为了夜间执行任务时，不被对方发现，不动声色遥控指挥犬卧下，等待出击。

训练方法：训导员牵犬进入训练场地，令犬侧坐后发"卧"的口令，同时右手上举，然后向前伸平，掌心向下，犬会听到命令下卧。经过反复练习，训导员逐渐减去口令，犬会对手势形成条件反射。每当犬看到手势指挥下卧时，要及时纠正卧姿，正确后进行奖励，做到一举一动。

正面训练犬卧下，训导员令犬在对面坐下后，向后退1米停下，发"卧"的口令，同时右手上举，然后向前伸平，掌心向下，犬听到口令卧下，犬

手势指挥犬卧下。

卧下后要及时表扬犬。通过反复练习逐渐减去口令和延长与犬的距离，最终达到 60 米处。

注意：距离指挥要长短结合。

训练时间：1 天 2 次，每次 15 分钟。

第四课：随时卧下

训练目的：主要是遇到突发危险情况时，犬听到命令迅速卧下，防止后面恶果发生。

训练方法：训导员牵犬进入训练场地，换长引绳，让犬拖着引绳自由行走，待犬游玩之际，忽然唤犬名，令犬卧下，犬若不卧，迅速踩住引绳让犬停下来，及时赶到犬身边命令它卧下，犬卧下后要及时表扬。犬卧下数分钟后，令犬起立让犬游玩。经过几次练习，犬会听命令迅速卧下，再逐渐拉开与犬的距离。指挥犬卧下，要长短距离结合，牵绳和脱绳训练要相互穿插进行。

卧待延缓。

　　犬在游玩时，听到训导员发"卧"的口令能迅速卧下，这时就要增加训练难度了。事先在训练场地安排一名陌生人等待助训。训导员牵犬来到训练场，换上长绳，持住引绳一端令犬游散。助训员站在远处挑逗引起犬的注意。当犬扑向助训员时训导员要及时制止犬的行为发"卧"的口令，犬迅速卧下，训导员应立即来到犬身边进行奖励。犬若继续向前扑，训导员立即顿拔引绳使犬停下来，用威胁的音调厉声道"卧"，迫使犬做出下卧的动作，制止犬听令不从的不良行为。这节课要经常更换场地和助训人员，最终达到脱绳训练，犬能够听训导员命令迅速卧下，具备自我约束能力。

　　训练时间：时常练习巩固犬的服从性。

第五课：卧待延缓

　　训练目的：培养卧待延缓的持久性，建立卧下后的延缓抑制。

　　训练方法：训导员牵犬进入训练场地，令犬侧卧，慢慢地离开犬向前行5米远转身对视着犬，十几秒后回来给予奖励。以后逐渐延长卧待时间和与犬之间的距离，采取边巩固，边提高，直至离犬50米，甚至更远些隐藏起来，犬仍能卧待不动，本次课算是完成，如果犬移动或是寻找训导员，应立即把犬牵回原地令犬卧下继续训练，训练卧待延缓和训练坐待延缓的方法基本相同。

注意：卧待延缓，训导员每次都要回到犬身边右侧进行奖励。不可以唤犬前来奖励。否则影响延缓。

训练时间：2天，1天2次，每次30分钟。

第六课：随行中卧

训练目的：为日后实战作准备，训导员观察、接令时犬能够卧下等待。

训练方法：训导员牵犬，令犬侧坐后发"靠"的口令，命犬随行，随行至30米时发"卧"的口令，同时拿牵引带的手向下一引，提醒犬卧下，犬卧下后立即表扬或奖励。卧定3秒后发"靠"的口令，令犬继续随行，行至60米反身向后转，顺原路返回随行，随行30米左右再令犬卧。如此反复训练逐渐去除提醒和牵引带。随行中转身返回训练，可以参照训练随行中坐的顺时针的转身方法。

随行中令犬卧下。

注意：训练随行中卧下的动作要干净，不要拖泥带水。

训练时间：1天，2次，每次20分钟。

第七课：随行中甩卧

训练目的：随行中把犬甩下，令其卧，训导员到其他地方观察或让犬守护在那里袭击敌人。

训练方法：训练随行当中甩卧，跟训练随行中卧有所不同，随行中卧是停下来脚步同时命令犬卧下，随行中甩卧是在行进中发"卧"的口令，令犬卧下，训导员继续向前行走不可停留，行至20米转身面向犬站好，3秒后返回犬右侧发"靠"的口令，令犬继续随行。

初期训犬甩卧时，训导员在发令的同时要下拉引绳，提醒犬卧下，自己继续向前行走，犬若跟随前行，则立即停下脚步厉声道"卧"，待犬卧定后再走。经过反复几次练习，犬会听到口令卧下，不再跟随前行。

训练时间：2天，每天2次，早晚训，每次20分钟。

第八课：卧待前来

这节课要等犬熟练掌握各节卧的课程后，方可以训练，卧待延缓尚未巩固前是绝对不可以训练卧待前来的，否则破坏延缓。

训练方法：训导员牵犬进入训练场地，令犬侧卧在训导员的左侧，解去引绳，走到犬正前方二十几米处，面向犬站好，3秒后发"来"的口令，同时左手平伸示意犬前来，犬来到训导员跟前令犬坐下后，再令犬靠在训导员左侧坐好，通过反复练习后，逐渐去除对犬的表扬，手势和口令要分开用。

因前面有坐的前来训练的基础，本课卧待前来就不用引绳训练了，训练起来也比较方便，但要注意：

平常练习犬卧待前来时，训导员不要在固定时间发"来"、"靠"的口令。否则，犬会估计时间到了，不等发令自己主动提前行动来到训导员面前或靠在训导员左侧坐下。训导员要在平常训练中，多等一下，10秒后再发口令，要是在考核、比赛或表演时就要在规定的时间发令。

训练时间：2天，每天2次，每次15分钟。

第十节 站立

训练目的：犬根据训导员的指挥，迅速做出随行中的站立和距离指挥的站立动作，并能站待延缓的服从性，以便于生活中的管理和工作中的使用。

口令："立"。即让犬在原地四肢站立的意思。

手势：右臂自然的由下而上向前平伸，掌心向上。

主要非条件刺激：触动犬腹部。

第一课：坐待站立

训练目的：从坐转换为站立，锻炼犬的应变能力。

训练方法：训导员牵犬进入训练场地，令犬坐下，训导员横站在犬的右侧，右手握住犬的脖圈弯下身，左手伸向犬的后腹部，在发出"立"的口令的同时，左手向上一托，使犬站立起来，当犬立起后应及时给予奖励。经过反复训练，犬听到口令会自动站立起来，这时训导员的左手在犬不知不觉中撤出来，接下来训导员站起身右手持引绳令犬"立"，犬若不立，可以用左脚面轻触犬的腹部提醒犬起立。每次犬站立后，都要及时奖励，直至犬能完全根据口令迅速站立为止。

训练时间：1日，2次，每次30分钟。

第二课：卧待站立

训练目的：锻炼犬的反应能力和分辨能力。

训练方法：牵犬到训练场地，令犬卧下，横站在犬右侧，右手持牵引带，左脚靠近犬右侧的肚皮。在发出"立"的口令的同时，右手向前一拉引绳、左脚面轻触一下犬腹部提醒犬起立。犬站立后要及时奖励，通过反复练习逐渐去除牵引带和脚面触摸的提醒，直至站在犬前面发"立"的口令，犬

站立。

手势指挥犬站立。

能够迅速正确地站立起来为止。

　　训练时间：1天，2次，每次30分钟。

第三课：随行中站立

训练目的：有令必从，不可出错。

训练方法：训导员牵犬进入训练场地，令犬侧坐，发出"靠"的口令，令犬随行，随行当中练习立。初训时要牵引随行，下"立"的口令同时停下脚步，右手持牵引带向后轻拉，提醒犬停下，左手轻托犬的左腹部使犬做出立的动作。当犬做出立的动作时，应及时奖励，奖励方法可以用口头表扬和抚拍犬的左侧。随着训练的进程，逐渐减去托腹、抚拍和表扬，当犬对随行中做立的动作形成条件反射后，可在随行中练习坐、卧、立、左转、右转、向后转等前面所学的动作。

训练时间：2 日，每日 2 次，每次 30 分钟。

随行中令犬站立。

第四课：随行中甩立

训练目的：犬单独站立是为了专家们更好观察它的体形容貌。

训练方法：训导员牵犬进入训练场地，令犬侧坐后，发"靠"的口令，令犬随行。随行中令犬立，

随行中甩立。

待犬立定后，训导员继续向前行走 20 米转身面向犬站好，3 秒后回到犬右侧站好，表扬奖励犬。犬若听到"立"的命令继续随训导员前行时，应在发"立"的口令的同时，用牵引带向后顿拨一下，提醒犬停下来做立的动作。有些犬在发出"立"的口令时，还会向前走几步再停下来做立的动作。遇到这种现象，训导员就要在发"立"的口令的同时，伸出右臂横挡在犬的前胸，让它停下脚步做站立动作。

通过反复练习，犬对甩立形成条件反应后，结合前面所学的课程进行穿插练习，如在随行中令犬做卧、坐、立、甩坐、甩卧、甩立。在距离指挥中令犬做坐、卧、立、前来等练习。练习中要有变换，不要有规律性，否则犬会未卜先知。

训练时间：2 天，每天 2 次，每次 15 分钟。

第五课：距离指挥

训练目的：犬远离主人也能听从主人的指挥。

训练方法：训导员牵犬进入训练场地，令犬侧坐，走到犬的前面 1 米处，面向犬站好，左手持引绳以口令和手势结合起来指挥站立，犬若不立，训导员可以轻拉一下引绳，提醒犬站立，当犬站立后，及时给予奖励。除去引绳逐渐延伸至 30 米以外指挥犬站立，训练采用远近结合的方式，如遇到犬站立后向前走动的情况，要及时纠正。纠正的方法是向犬身后投掷衔物给予奖励。犬站立不动，训导员应每次回到犬的右侧站好再给予奖励。训练距离指挥，可结合坐、卧、立训练，但不可以用固定的顺序，要相互交叉训练，以防犬在没听到训导员发令前作出下一动作。训练犬立待延缓时，要从几秒逐渐达到 5 分钟。

训练时间：1 日，2 次，每次 30 分钟。

立待延缓。

第十一节　前进

　　训练目的：通过训练让犬养成根据主人指挥的方向前进的习惯，让犬在大街、小巷、花园等地方，成为管理人员的前驱，运用犬各种感官知觉探寻在道路旁有没有潜伏的人，也为搜索和巡逻作业做准备。

　　口令："去"、"前进"。

　　手势：右臂平伸向前，掌心向左，指示前进方向。

　　主要非条件刺激：诱导。

第一课：放物引犬前进

　　训练目的：开起犬的前进意识。

　　训练方法：训导员牵犬来到有一条直路或一条小路的场所，路一定要直，距离要达到50米，令犬坐待延缓，训导员沿路向前走出5~6米远，放衔物或肉块后，迅速返回犬的右侧，用右臂平伸向前，掌心向里，指示前方，

前进。

发"去"的口令，犬若不去，牵它前往。

第二次，令犬坐下，沿路向前走出 10 米，放置衔物或食物。回来令犬"去"但不要忘了手势。

第三次，物品要放在 20 米处，以后逐渐放置 40 米处，令犬前进。通过反复训练，可以取消送物改成假送。

训练时间：1 天，2 次，每次 30 分钟。

第二课：沿路前进

训练目的：让犬知道没有物品，令它前进也必须执行。

训练方法：训导员牵犬来到第一课训练场地，解去牵引带换成长 30 米的引绳，令犬坐定，沿路走到 50 米处，假装放置物品后，返回犬的右侧，令犬"前进"，并用右手做出前进的手势，当犬前进到 45 米处时，发"卧"的口令，犬若不卧，要立即用脚踩住引绳，阻止犬前进，同时发"卧"、"卧"的连续口令，待犬卧下，要迅速跑到犬的身边奖励犬给它食物。

这节前进训练，要交换使用送物、假送和不送物品训练，最后取消真假送物，直到犬听到"前进"的命令后，向前奔跑到 45 米处，再次听到训导员发"卧"的口令，犬应立即卧下，以后训练逐渐去掉引绳。

训练时间：1 天，2 次，每次 30 分钟。

第三课：随行中令犬前进

训练目的：为日后巡逻用，察看前方有无可疑处。

训练方法：训导员牵犬来到前两次上课的地点，令犬随行，随行 5~6 米处，令犬"前进"同时伸出右臂指向前方，犬奔出 40 米左右令犬"卧"，犬卧下后，训导员迅速到达犬身边进行奖励。犬若听令不前，复习第二课直至完全使犬根据指挥进行、随行、前进、卧下。

第四课：各种环境的前进

训练目的：不管是什么环境场地，犬听到前进的命令必须执行。

训练方法：这节课训导员可以选择训练场、河堤、田埂、街巷等地进行训练，训导员命令犬面对前方坐下，发"前进"的口令，同时将右臂向前一指，犬若不前，训导员可以并同犬一起前进，但不要跑到犬前面去。当犬前进几米，跑在前面时，应重复口令"前进"、"前进"，犬跑的过程中要及时发"好"的口令进行表扬。犬前进 40~50 米时，令犬卧下，走近犬身边给予奖励。接下来令犬随行到起点，按照此方法反复练习，直至训导员在起点与犬随行 10 米距离后，令犬"前进"，训导员发令后原地不动，犬能根据命令顺利前进 40 米以上，听令后面向主人卧下。

有人要问，前进中的犬，听到命令面向主人卧下，这个环节没有讲啊？99% 的犬，在前进中，听到主人发"卧"的口令时，都会面对主人方向卧下，这个不用特意的训练。

训练时间：2 天，每天 2 次，早晚训练，每次 30 分钟。

第十二节　通过障碍

训练目的：在衔取训练课，犬初步学习了简单的通过障碍，本课训练是为了提高犬通过各种可能通过的障碍的能力，为训练使用科目扑咬、追踪、搜索、巡逻做准备。

口令："上"，"下"，"跳"，"过"。

手势：右手向障碍物挥。

主要的非条件刺激：引诱和拉扯。

第一课：通过木栅栏

训练目的：实战中能跳过前方的各种栅栏。

训练方法：训导员牵犬来到离栅栏2米处，令犬坐下，栅栏高度是40厘米，训导员右手向栅栏方向挥，同时发"跳"的口令，犬若不动，左手牵引一下犬，提醒犬跳过，当犬跳过后给它衔物进行奖励，犬衔住物品后，牵犬跳过栅栏返回起点。

上障碍。

第二次跳跃栅栏，栅栏高度应是 60 厘米，令犬离栅栏 2 米处坐好，右手持木质哑铃或衔物，投过栅栏前 3 米处，2 秒后发"跳"的口令，同时左手牵犬跳跃栅栏，训导员从栅栏右侧通过，令犬衔取哑铃或物品，衔住后牵犬跳过栅栏返回起点进行表扬奖励。

经过反复训练使犬跳跃熟练后，就可逐渐增加木栅栏的高度，当高度增加到 1.2 米时，要规范犬动作。方法是牵犬随行来到栅栏前 2 米处令犬"坐"，右手持木哑铃，投过栅栏前 3 米处，哑铃落地 5 秒后，发"跳"的口令，令犬跳过栅栏衔取哑铃，犬衔住哑铃后，令犬"来"，犬衔哑铃跳跃栅栏返回到主人面前，面对主人坐好，训导员双手接过哑铃，发"放"的口令，犬听到命令后吐出哑铃，训导员双手接过哑铃转成右手持物到右侧，发"靠"的口令，令犬坐在主人左侧坐好。

注意：1. 每次通过栅栏，不可让犬绕回来，否则日后改正是非常难的。有些犬主人随它过去，它会主动跳跃返回，一旦独自跳跃它就绕行回来。在这种情况下，可以试一下，把栅栏前两边用网或透明的材料围成一个长方形，当犬跳过栅栏，没路可走，只能跳回来，反复训练形成条件反射，

通过栅栏。

逐渐去除围栏。

2.跳跃次数不可连续过多。跳跃 3 次可以小息 1 次，再继续训练。

3.训练中不可打骂犬，不可强迫，否则犬会对前面的障碍物产生惧怕心理。每次成功跳跃，要充分奖励。

训练时间：1 天，2 次，每 30 分钟。

第二课：通过人字板墙

训练目的：锻炼犬的爬墙能力。

训练方法：准备人字板墙一个，板墙是用两块宽 1.6 米、高 1.9 米木板组成，中间用合页连接。

训导员牵犬来到板墙前 2 米处，令犬坐下，前面是 2 块张开的人字板墙程一字平放。训导员牵犬同时从板上跑过，过板后表扬犬说"好"，再从板上跑回起点，反复跑过、跑回几次板后，支起板墙半米，再继续训练跑板。逐渐增加到 1.8 米高形成人字形，开始规范犬过板动作，方法同跳跃栅栏一样。通过反复训练逐渐去除引绳。

训练时间：1 天，2 次，每次 30 分钟。

第三课：通过一字大板墙

准备大板墙 1 个，在训练场地树立 2 根高 2 米的槽钢，2 根距离为 1.6 米，中间加木板，每块木板为长 1.6 米、宽 0.2 米，共 10 块。

训练目的：增加犬上墙高度能力。

训练方法：训导员牵犬来到大板墙前 2 米处令犬坐下，从第 1 块木板过起，过墙后给予衔物奖励，第 1 天训练可以逐渐增加到 1.6 米高，以后每 2 天增加 20 厘米，通过大板墙，可以不用返回。

训练时间：5 天，每天 2 次，每次 30 分钟。

第四课：上砖墙

训练目的：生活中砖墙很多，所以犬遇到砖墙也能迅速上去。

训练方法：在训练场垒起 1 堵长 1.6 米，高 1.2 米的 24 砖墙。训导员牵犬来到砖墙面前 2 米处，令犬坐下，右手向砖墙方向挥，发"上"的口令，犬上墙后，在砖墙上站好后，给予奖励，开始训练犬若不上墙，训导员把犬抱上砖墙后，给犬奖励。接下来继续训练，每周垒起 2 层砖，待日后训练之用，通过训练逐渐增加高度到 2 米。

另一种训练方法，直接垒起 1 堵长 1.6 米，高 2 米得 24 砖墙，砖墙前后用土铺垫起 60 厘米高的土马道，令犬上墙，上墙后给予犬奖励。通过反复训练逐渐撤平土马道。

训练时间：1 周，每天 2 次，每次 30 分钟。

第五课：窜越登降其他器材

训练目的：能够通过前方各种障碍。

训练方法：窜越壕沟，有条件可以在训练场地挖一条窄沟，初次训练，训导员先越过，然后命令犬窜越，也可以与犬同时越过，练习几次扩大沟的宽度，每次 10 厘米。

攀登木梯，先做 1 条宽大一点的木梯，带犬到阶梯前，发"上"的口令，同犬一起登上，在上阶梯的过程中，训导员应连续发"上"、"好"的口令，来激发犬的兴奋性和连续性。也可以边上边用肉块引诱犬上阶梯。

第二步准备 1 条比常用宽一点木梯，起初先同犬一起跃上，几次后，训导员登上阶梯，在上面用引绳引导和鼓励犬上。反复训练犬熟练后，训导员站在阶梯边，令犬单独完成上木梯，犬熟练完成上木梯的动作，换成常用木梯用来训练，训练方法同上。

当犬有一定训练基础后，就要到自然环境结合生活中的自然障碍物进行训练。如自然壕沟、土墙、篱笆、窗户、台阶、平台、各种栅栏等等可能通过的障碍。

训练时间：3 天，每天 2 次，每次 30 分钟。

第十三节　匍匐

训练目的：这科目有两个目的，一是用来惩戒警犬，二是养成根据指挥匍匐前进的服从性，以适应现场之用，能够让犬完全在训导员的掌握中而不至有不正当的行为。匍匐是扑咬的组成部分。

犬以后如果有违反纪律等事，像擅自抓、咬人以及猎食野兽、家禽、飞禽等就需要受到惩罚，惩罚的方法，用脖围套在犬脖子上，用长绳牵引到违反错误的地方。让犬匍匐绕行 50~80 步再返回原处，像这样惩戒，犬必然不敢再犯。

口令："卧"、"匍"。

手势：右手指向前方并轻拍地面。

主要的非条件刺激：按压犬的背部用鞭轻击犬背及扯拉脖套。

第一课：匍匐到主人面前

训练方法：选择一处平坦地面，站立在犬前，面对犬左手持绳，右手持鞭，命令犬卧下，等到犬下卧后，立即退后一步，在命令犬匍匐同时用绳向后拖拉犬，犬如果想起来，就用鞭子轻击犬背，同时再命令"卧"。通过反复练习逐渐增加退后的步数，每次一定命令犬匍匐行走到训导员身边，以后可以免去"卧"的口令，下"匍"的口令。犬如果站立就轻击犬背，像这样练习几次后，立即与犬站立行走，因为这课过于劳苦。

训练时间：每次 30 分钟，温习 3 次。

第二课：站在犬侧面令犬匍匐

训练方法：像第一课一样，让犬匍匐前行到身边，犬如果听从命令，就站立在犬头的左边，向后退而且命令犬前行，随即到犬头的右边，这时用右手持绳子，忽到犬右边，忽到犬左边，位置时常变更，犬如果想起身，就用鞭子轻击犬，匍匐练得好就说"很好"，训练空隙时常与犬走动。

训练时间：3次，每次30分钟。

第三课：站在犬后面令犬匍匐

训练方法：用长绳系犬，把长绳穿过训练场或训练室前方一端的圆环，左手持绳子的一端，面立在犬后侧，命令犬"卧"，等到犬下卧后，立即命令"匍"，用时慢慢拉手中的绳子，犬如果因为匍匐的艰苦而起立，就快速用鞭子轻击犬，犬知道虽然不见训练人，但是训练人时常能督查犬不正当的行为，犬如果能不用绳鞭的督查，自己很好的匍匐行走，就可以变为短绳，再让犬匍匐前行，如果看见犬有逃避等情况，就快速用绳子顿拔犬，让犬知道警惕。

训练时间：3天，早晚各1次，一次30分钟。

第四课：无绳匍匐前行

训练方法：用脖圈套在犬脖子上，去掉引绳，站在后面，像上一课一样，依照方法练习，千万不要站在犬前面或者两边，犬如果训练不好，就马上用长绳系上犬。

犬如果匍匐练得好，就命令犬在训练场或训练室匍匐前行一次就可以了，然后站立在犬的右侧，命令说"靠"与犬练习不用绳子牵引的随行，犬如果前窜，就轻踩犬的前脚趾，沿墙行走，犬左侧是墙壁右侧是训导员，先与犬练习随行，然后与犬练习转折随行，转折数次后，立即命令犬下卧，退立在犬后面，命令犬向前匍匐。

训练时间：1 天半，早晚训，每次 30 分钟。

第五课：复杂环境匍匐

训练方法：引犬来到复杂场所，陌生人不要太多，选择一处栓有圆环，把绳子穿过环把，像第三课一样，与犬练习，退立在犬后面大约距离一步的地方，犬如果疏忽、懈怠，就用绳子顿拔犬或用鞭子轻击犬，犬如果匍匐练得好就可以稍微松下引绳，等到不用引绳自动匍匐后为止。

训练空隙与犬随行回来就可以，不用折返匍匐回来，也不要用绳子牵引，犬如果回来随行的不好，就系上牵引绳，牵引随行回来。

注意：环境要逐渐复杂，人员要从少到多，刺激的强度可适当大一些，但要防止犬产生过分抑制。

训练时间：2 天，每天 2 次，早晚各 1 次，每次 30 分钟。

第六课：匍匐前进

训练方法：训导员令犬卧下，发出"匍"的口令，同时右手指向前方，并轻拍地面，指挥犬匍匐前进，训导员站在原地不要动，犬能连续匍匐 10 米以上即可。如犬发现训导员不跟随就不匍匐前进，像第五课一样，系上长绳，把绳穿过前方圆环孔，站在犬后面，令犬匍匐前进，如有懈怠，就用绳子顿拔犬，犬在强力的刺激下会继续匍匐前进，通过反复练习，去掉绳子令犬匍匐前进。

同犬并肩匍匐前进训练，训导员牵犬，令犬卧下在训导员左侧，同时训导员也卧下，左手握犬脖围 10 厘米处引绳，发"匍"的口令，犬能够跟随训导员一起匍匐前进，就应表扬犬，边匍匐边奖励，犬能随训导员匍匐 20 米，应练习折返匍匐回到原位置。

训练时间：2 天，每天 2 次，早晚各 1 次，每次 20 分钟。

第七课：匍匐衔取

训练方法：令犬卧下，训导员在犬前方摆放一衔物，回到犬右侧，令犬匍匐前进去衔回，初始训练时，训导员要跟随犬衔回，距离要从近到远，直至达到十几米远。逐渐去除训导员跟随匍匐。

训练时间：2 次，每次 30 分钟。

第十四节　游泳

游泳是犬的本能，这是犬非常愿意做的事情，但是也有些犬对水产生畏惧。

千万不要把犬投入水里，应当先让犬熟悉一下水性，逐渐喜欢在水中工作，练习时只可以选择天气温暖时下水，让犬感觉凉快而不至于畏惧寒冷，犬应当先岸上练习衔取之后，才可以学习水上的一切训练，先让犬习惯在水边行走，对水没有惧怕，然后练习游泳，练习中观察犬在水中，没有危险后，再开始训练水面上的工作。

训练目的：让犬学会在水面上，能够衔取投入水中的物件或拯救溺水者，在执行任务中遇到河流能够顺利游到对岸完成任务。

口令："游"。

手势：右手向水面一挥。

主要的非条件刺激：训导员用物品引诱。

第一课：水面练习

训练方法：训导员牵犬来到一条极浅的河边，在水边来回行走，然后牵引犬通过这条浅河，在水里与犬练习转折行走等动作，练习完成后上岸，抚拍奖励犬，再次进入水中练习。

第一天不要带犬到过深的水里行走，过深的水面能够阻碍犬的行走。

第二天牵引犬来到水中行走，练习一次第一天的动作与犬说说话，赞赏犬而且让犬在无意中，渐渐引导到较深的水中，在训导员身边游泳，时间不要太久，牵引犬到岸上去，抚拍奖励犬，再次与犬练习行走，引犬到深点的水中游泳，用温柔的话语安慰犬赞赏它。

第三天带一名助手，让助手牵犬在对岸，河要选择两边浅中间深的河，训导员站在对岸发"来"的口令，助手听到命令引犬到河边，解除引绳放犬前来，犬游到对岸来到主人身边，令犬坐下，拿出衔物令犬衔取来奖励犬。

训练时间：3天，每天2次，每次30分钟。

第二课：水面衔取

训练方法：制作一个两端可插入一个"十"字形的横木架子，中间稍微细一点，让犬容易衔取，先让犬在岸边练习几次衔取，无意中把架子投进水中，令犬衔取，犬衔取上岸后，令犬前来，犬坐定后方可接架子令犬放。犬若上岸后，立即把架子吐到地上，应立即呵斥说"非"的口令，然后右手指向架子再令犬"衔"，犬衔起后令犬坐下，过一会去接架子，再次把架子投入水中，命令犬衔取，犬衔到架子后，立即发"来"的口令，令犬迅速上岸，上岸令犬前来，坐定后过一会再去接架子。

初训可以用绳子牵引犬，为了防止犬衔而不来的坏毛病，熟练后就可以去掉引绳，令犬自由工作。

训练时间：30分钟

第三课：从流动的深水中衔取物品

训练方法：先选择一水面平稳的水里练习衔取，然后用引绳牵犬进入流动的水域，顺着水流行走左边是犬，右边是流水，将架子投入水中发"游"的口令，犬在侧边游泳，陪伴犬一起到架子跟前，获得架子后，立即转身向岸边，犬游到岸边令犬坐下，停顿一会，再去接衔物。练习3次即可。

第二天训导员牵犬来到岸边，解除引绳，将架子投进水中，让犬独自游泳，令犬衔取，衔取次数不可超过5次，训练不要过于劳累，要选择在天气温暖的时候，让犬兴奋的进入水中。

训练时间：2天。

第四课：衔取人偶

训练方法：用木头做一个人偶，穿上服装，在距离岸边几米的地方，把人偶放置在静水的水面上，用绳子牵引犬命令"救"、"衔"，用右手食指指向人偶与犬进入水中，让犬衔取人偶的上臂，不要让犬随意嚼咬衔取，让犬学习稳妥衔取，不要使犬伤害溺水者的身体，等犬衔住以后，立即帮助犬搬运上岸，上岸后立即赞赏犬和奖励犬。练习2天，每天不能超过3次。

让助手把人偶带到水中，人偶需用绳系好，用来牵引人偶，防止人偶漂浮到其他地方。训导员同犬来到水边，突然用惊惧的神色与犬一同进入水中命令"救"，让犬衔住人偶的上臂，帮助犬搬运上岸，上岸后赞扬犬。练习2次，等犬能够知道在什么地方衔住以后，才可以令犬独自进入水中救"人"，逐渐将人偶投到距离稍远的地方进行练习。

训练时间：4天，每天不能超过3次。

第五课：拯救溺水人

训练方法：选一个善于游泳的人当助手，穿薄一点的衣服或泳装，上臂用布包裹，身上带游泳圈，漂浮在深水的地方，训导员与犬到水边的时候，表现惊惧命令犬"救"，与犬进入水中，让犬衔住上臂，帮助犬把助手托运上岸，上岸后赞奖犬，然后让助手再到河中心，令犬独自进入水中救人，注意每次上岸要赞扬及奖励犬，每天练习不要过于劳累。

训练时间：经常练习，即使已经纯熟，也不可不练。

第十五节　枪声训练

训练目的：让犬在听到枪声时，有稳定、镇静的情绪，犬需要学习不被射击的声音所惊吓，看到射击人，不是主人或穿制服的人立即进行扑抓。

训练方法：让助手持发令枪到100米外，预先告诉助手用手势作为信号，命令助手射击。

训导员用绳子牵引犬，让犬坐下，背向助手。命令坐定后，退后5步，这时犬在助手与训导员的中间。注视犬身，用手势命令助手射击，犬如果安静不动就用手命令助手向前来20米，再命令射击，犬仍然安静，就再命令前来20米，逐渐前来离犬40米，犬在这时仍然安静，就命令犬前来。训导员牵犬令犬随行离助手稍远的地方，围绕助手行走，命令助手时时射击，让犬注视射击方向。犬如有攻击倾向，命令犬安静，逐渐逼近离助手20步的地方，就可以停止训练了。

第二天，训导员牵犬，令犬坐下，助手离犬50米后开始射击。然后让助手缓步前来，这时射击不要停，走到15米时助手用一些异样的动作惹怒工作犬，同时向空中射击。犬如果前跃，就立即赞奖犬。犬有畏惧时，就不要让助手前进。每次射击的时候，训导员用温语安慰犬、抚弄犬，告示犬不用怕，等到犬镇静，立即与犬围绕助手行走。让助手再进行射击，慢慢接近助手。每次射击，都要激励赞扬犬。犬有惊慌的神色，千万不要用绳子顿拔犬，责罚可使犬产生畏惧。常常抚拍犬，犬就会镇静下来，这时逐渐增加声音。

第十六节　前来

训练目的：主要是让犬在执行公务遇到有追捕等情况时，听到主人的命令后，立刻前来坐在主人面前，听到"靠"的口令迅速靠在主人左侧坐下待命。

口令："来"、"靠"。

手势：左手向左平伸，手心向下，随即自然的放下。

主要非条件刺激：训练绳控制和衔物或肉块引诱。

第一课：引诱前来

训练目的：不要离开主人。

训练方法：训导员牵犬进入训练室或训练场地，解去引绳，把犬交给助训员。助训员双手交叉搂住犬前胸，训导员离开犬十几米远面对犬站好，左手向左平伸，手心向下同时发"来"的口令，助训员听到"来"的口令后再放犬，当犬来到训导员面前时要及时将右手里的肉块给犬吃。助训员再次将犬牵离开训导员回到它原来的位置，搂住犬的前胸，等待训导员发"来"的命令，听到训导员发"来"的命令后再放犬，如此训练，逐渐拉开训导员与犬的距离，最终达到 60 米处。

注意：犬来到训导员面前不要令犬坐下，只要犬来到面前就立即给它肉，但要贴着训导员的肚皮喂，不要伸手去喂。

训练时间：20 分钟。

第二课：游散前来

训练目的：在犬游玩之际，招呼犬立刻前来。

训练方法：训导员牵犬进入训练场，解去引绳令犬游散。训导员远离犬，趁犬游玩之际，先唤犬名，再发"来"的口令，犬来到面前时，应及时给奖励。给衔物时不要与它玩耍，玩耍成习惯，它会养成在与训导员交接衔物时会主动玩拔河游戏。食肉奖励跟第一课一样，只要犬来到面前，一定要贴着肚皮喂，否则，以后犬会前来远坐，不会贴身坐下。

如果犬在主人唤它前来时，无动于衷，这时训导员就要给犬换上长绳令犬游散。训导员持长绳一端，远离犬，趁犬拖着训练绳游玩之际，还是先唤犬名，再发"来"的口令，同时左手向左平伸，右手顿拔训练绳，缩短与犬之间的距离，促使犬前来。当犬来到面前要及时奖励，奖励方法同上。

注意：顿拔训练绳的力量要因犬施教，否则，犬会产生抑制或延误前来。

训练时间：1次，20分钟。

第三课：坐待前来

训练目的：这节课要在犬学会坐以后才能训练，训练中要详细练习，训练不当影响坐待延缓，必须时常练习，以巩固犬的服从性。

训练方法：训导员牵犬到训练场，令犬侧坐在左侧，解去牵引带，换成长绳，命令犬坐定后沿着绳子前行到犬的正前方20米处转身面向犬站好，用轻声命令犬"来"，同时伸出左臂向左平伸，手心向下，右手慢慢拉动绳子，引导犬前来。犬知道在做"坐待延缓"，尚不知道新动作，会左右为难，所以要连续发"来"、"来"的口令，犬来到面前就要及时奖励，奖励及时下次会迅速来到面前，这时不要伸手去喂它，而是把拿肉的右手放在自己的肚皮位置上喂它，否则犬会前来远坐。

训练两三回就可以去除引绳练习了，距离也可以逐渐延长到60米。训导员前行面对犬站好后到发令这段时间不要固定，要多延长一些时间，有些训导员固定在2秒左右就发"来"的口令，时间一长犬会在未发"来"之前提早前来。训练坐待前来，要多一些变化，时间要长短结合，多回到犬右侧强化一下犬。

犬听到主人命令后能迅速而顺利的来到主人面前时，接下来就要规范犬前来的动作了。训导员令犬侧坐后，前行到25米处，转身面向犬站好，伸出左臂向左平伸，手心向下发"来"的口令，然后手臂自然的放下，待犬来到面前时，持肉的右手放在自己肚皮位置先不要喂给它，发"坐"的口令，待犬坐定后再喂食给它，一定要让犬紧贴着训导员肚皮坐下。如果出现来而远坐，可以边退边喂，直至犬贴到训导员身体，停下来令犬坐下后再继续喂它，这样下次训练时，犬会听到"来"的命令后迅速来到面前贴身坐好。

训练时间：2天，每天2次，每次15分钟。

第四课：卧待前来

训练目的：跟上一课一样，是为了巩固犬的服从性。

训练方法：训导员牵犬进入训练场地，令犬侧卧在左侧，解去牵引带，走到犬前方20余米处，面向犬站好。训练方法与上一课坐待前来的训练方法相同，因有上一课的基础，本课卧待前来很快就形成条件反射。接下来可以结合立待前来训练和到复杂环境中锻炼，在复杂环境中练习，要根据环境情况，以带绳、脱绳穿插进行，随着训练的进展，逐渐除去引绳。

训练时间：1次，30分钟，复杂环境要常练习。

第五课：国标前来

训练目的：为了比赛考核用，"国标"即指世界犬协会制定的国际标准。

训练方法：有些犬出现慢来慢坐，来而不坐或来而远坐，坐而歪坐，犬出现这些情况，训导员往往很不高兴，情绪会带出来，犬是知道的，越是这样就越训不好。要放松情绪，抱一抱犬，缓和一下气氛，再练习前来。

犬若出现来而远坐，训导员应在自己口中放一些肉块练习口中喂食，练习中要垂直吐到它口中，可以边退边喂直至犬贴到训导员的身体，停下来令犬坐下继续喂它，一定要垂直吐到它嘴里，这样下次训练时，犬会听到"来"的命令后迅速来到跟前，贴身抬头望着训导员坐好。

犬若出现来而歪坐，则准备4个50厘米高的板凳，一边两个摆成胡同形，训导员站在胡同口前训练前来，通过反复练习，逐渐退到胡同口里，胡同的宽度要从宽到窄，口形从喇叭形到筒子型，待犬坐直，巩固一段时间，再将板凳逐渐一个一个的去掉。

标准前来是，训导员命令犬"来"犬应迅速来到主人面前，贴身、抬头，望着训导员的脸正坐，3 秒后发"靠"令犬靠在左腿外侧坐好。

注意：训练前来，千万不要对犬发火威吓，更不能在犬回来后处罚它，这样对前来会造成前功尽弃。

训练时间：因犬而异。

第十七节　禁止

训练目的：禁止是为了纠正犬的不良行为，制止犬乱咬人、家禽、牲畜和随地捡食或接受他人的食物，物品的恶习。

口令："非"。

主要的非条件刺激：机械刺激。

第一课：禁止乱咬人

训练目的：防止乱咬人。这课要选择在白天训练，夜间训练会给使用科目巡逻和警戒带来麻烦。

训练方法：事先在训练场安排几个陌生人，训导员随后牵引犬来到训练场地令犬游散。陌生人逐渐靠近犬，犬若有攻击表现时，训导员立即用威胁音调发"非"的口令，同时连续猛拉牵引带的机械刺激，给予制止。犬停止攻击后，应当给犬表扬或抚拍奖励。然后牵犬继续游散，几分钟后陌生人要做出一些异样的动作在犬旁边玩耍，犬若有攻击表现，训导员就用厉声呵斥犬"非"，并伴以猛拉牵引带的刺激，制止犬攻击人。犬没有攻击人的意思时，训导员要用温语"好"来表扬犬，予以巩固犬的良好表现。

禁止犬乱咬人时，刺激的力量要强，但也要因犬施教，以免造成日后使用科目上的不良效果。

训练时间：随时随地，禁止犬的不良行为。

第二课：禁止攻击家禽、牲畜

训练目的：是防止犬在执行公务时，犬放弃工作，追咬家禽和牲畜的不良行为。

训练方法：事先在训练场地中间栓系几只家禽，栓系家禽是为了防止家禽看见犬乱跑，随后训导员牵引犬到这里游散，并逐步靠近家禽，家禽看见犬后会四下乱跑。由于栓系的原因，家禽会在原地乱扑腾，这样会刺激犬的猎取欲望。当犬有欲扑的表现时，应立即用威胁音调发"非"的口令，并伴以猛拉牵引带制止犬的行为。犬停止扑咬后，要及时抚拍奖励。然后继续带犬离开家禽到别处游散，数分钟后再牵引犬来到家禽旁边，观察犬的行为，如有攻击表现，立即制止。经过这样的反复训练后，逐渐放长引绳距离掌握训练，最后取消引绳控制，把家禽放开，让犬和家禽自由活动，不再有攻击家禽的表现。

禁止攻击牲畜的训练和禁止攻击家禽的训练方法相同，所不同的是家禽比较好找，找牲畜要和其主人商议。

训练时间：随时严加管理，不断巩固效果，防止事故发生。

第三课：禁止随地捡食

训练目的：防止意外事故发生。随地捡食是一种恶习，会使犬发生意外事故，造成经济上的损失。

选择一块场地，事先将准备好的肉块分别放在几处明显的地方。训导员牵引到这里让犬自由活动，并逐步靠近放肉的地方，当犬有欲吃的表现时，应立即呵斥发"非"的口令，同时猛拉牵引带，制止犬的行为。犬受到刺激后，必然会停下来，这时要及时说"好"来表扬犬和抚拍奖励。然后带犬到另一处放肉的地方令犬游散，如果犬还有欲吃的表现，就按照前面方法训练。经过几次练习，犬就不敢靠近放肉的地方了，要经常更换地点训练，从明显处放肉改放在较隐蔽的地方。从短绳改换成长绳，再从有绳训练变成无引绳训练。训导员从明处观察，改为从隐蔽处观察犬。

训练时间：日常生活中严格管理，随时随地进行训练。

第四课：拒绝他人喂食

训练目的：同样是为防止意外。犬吃食他人喂给的食物也是一种不良的行为，拒食训练是为了日后训练犬看守与守护做准备，防止犬在守护物件时被外人换取。

训练方法：第一天，训导员牵犬来到事先安排好有陌生人员的训练场所。陌生人要自然的接近犬，并从身上取出食物喂给犬吃，犬若有欲食表现时，训导员要厉声呵斥犬"非"，提醒犬不要食用外人的食物。这时陌生人继续喂食给犬，犬若还有吃的表现，，就用较强的猛拉牵引带刺激犬。

第二天，训导员牵犬再次来到训练场所，陌生人还是很自然的接近犬，喂给犬食物。这次如果犬有欲食的表现，陌生人就要轻击犬嘴，接着继续喂，犬若还有吃的表现，陌生人就要加强刺激用事先准备好的树枝击打犬嘴。此时，训导员应发"叫"的口令，并举起右手装打陌生人，犬若不叫，陌生人继续攻击犬，激起犬的主动防御反应，当犬对陌生人吠叫时，陌生人要转身逃跑，训导员不要让犬追击陌生人，要在原地对犬进行奖励。

第三天，换一个陌生人走近犬，把食物扔给犬吃，如犬有吃的表现，陌生人就从身后拿出树枝击打犬嘴，训导员牵固引绳，命令犬向陌生人吠叫，陌生人听到吠叫声应转身离开逃跑。

第四天，训导员把犬栓在一个固定地点，自己隐蔽起来监督犬训练，再换一个陌生人走近犬，俯下身体蹲在犬够不着的地方与犬友好的说一些话，随后试着喂给犬吃食，犬如果示威则扔下肉块离开，若犬有欲食的表现时，陌生人则击打犬嘴，训导员及时在隐蔽处发出"叫"的口令，陌生人看见犬向自己吠叫，应转身离开。

训练时间：1天，2次，每次多练习几回。

第五课：禁衔他人抛扔的物品

训练目的：犬衔取他人抛扔的物品必须要严厉制止，在执行任务追捕罪犯时，罪犯在逃跑过程中向犬抛扔一些物品，犬有追衔物品行为，罪犯会趁机逃脱。

训练方法：第一天，训导员牵犬在训练场地自由活动，助训员逐渐靠近犬，在犬旁边玩耍衔物逗引犬，见犬兴奋时将衔物抛出，犬如有衔取表现，训导员就立即大声说"非"，同时往回抖拉牵引带加以制止，当犬停止下来后要及时表扬。如此反复训练，直至取消引绳控制，犬不再追衔他人抛扔的物品为止。

第二天，训导员牵犬在训练场练习衔取，助训员在旁边观看，待犬衔取兴奋之时，把衔物抛向给犬，犬如表现欲衔物品，训导员立即制止，发"非"的口令，并伴以牵引带的抖拉，犬停止行为就给予表扬，助训员在训练中可以连续抛扔物品逗引犬来加大训练难度。

第三天，训导员用长引绳牵引犬在训练场，令犬朝助训员方向坐好，助训员从远处以鬼祟的动作一边接近一边逗引，想方设法激起犬得仇视性，使犬狂吠、猛扑。训导员先持短一点引绳控制犬在原地不动，低声发"注意"的口令，并鼓动犬向助训员进攻，助训员看到犬吠叫就停下脚步但要继续逗引，当犬出现狂吠，前扑时，助训员要以退二进三的步伐继续逗引，训导员持住引绳坚持一段时间，看到犬狂吠，猛扑劲十足后牵引犬追击，助训员见犬追击要转身向远处跑，边跑边观察犬，趁机向犬抛扔物品，训导员牵犬追击，见犬有意衔取扔过来的物品时，要及时制止，犬若放弃衔物继续追击就要鼓励犬。助训员发现犬有衔取动作就要返回来攻击犬，如此反复训练逐渐放长引绳，直至取消引绳控制，犬不再追衔他人抛仍的物品。取消引绳控制，助训员要穿好防护服。

训练时间：3天，结合扑咬训练。

第十八节　看守与守护

训练目的：让犬学习在主人指定的地方下卧，令犬守护物件不被外人拿走，等候主人来取。这课训练是要让犬能够不为他人的叫喊和其他动作勾引，即使犬熟知的人叫喊也不能有效。

口令：看守。

手势：右手食指指向被看守物。

第一课：看守自身使用的物品

训练目的：让犬看管好自己的物品不得离开。

训练方法：选择一块适合藏起来的地方，像草丛、树后、坑穴等地方。

牵犬来到这块场地，解开犬的引绳，把绳子盘在一起，放在犬面前的地上，用右手做出手势令犬卧下，但必须让犬看见绳子，犬卧下时应抬起头能够观察四周。

训导员退后数米，注视犬，看犬是否想起来，如犬起来就用厉声命令"卧"。犬若离开它原来卧下的位置，就命令它匍匐返回到原来卧下地方，用手指着绳子再拿起来，然后扔回原地，厉声命令"卧"、"看守"，如果犬起来就照这样练习。

通过 2~3 次的练习，犬就不会起立了。这时要作一些动作或声响来影响它，犬如果守候原位不变，就可以在这时潜到坑穴或树后等地方把自己藏起来，从而观看犬的动态，犬如果想起来而且还在寻找训导员，这时不要做声，等它动起来寻找，要立即用厉声呵叱犬"非"、"卧"命令要连续。这时要从藏匿的地方出来，回到犬的右侧令犬匍匐返回到它看守卧下的地方，用手轻击犬背，再重复一下卧下的命令，然后把绳子拿起来，扔到犬鼻子前面发"看守"的口令，再绕犬行走几圈，然后寻找另一个地方藏起来，在这地方必须要看到犬，而且犬看不见训导员。如果犬镇静地卧下看守着，再尝试着做出点声音和动作勾引犬。犬如果起立就厉声呵叱它令它卧下，犬若来到身边就命令它卧下，让它匍匐返回原来的地方。

通过这样的练习，犬能够达到训导员做任何声音或动作，它都不起立，再与犬练习不奖赏、不说活，牵引犬到其他地方练习以上所学的东西，还可以在散步时与犬练习，练习要逐渐沿长看守时间直到 1 小时后为止。

第二课：非主人不能领取

训练目的：增加犬的知识，让犬看守物件不是犬主人亲自来领取，决不擅离职守。

训练方法：带一名助训员同去上一课练习的地方，命令犬卧下，把引绳解开放到犬前面看得到的地方约半米远，和助手藏起来。犬若不动，让助手出来绕行返回犬看守的地方，大约距离犬 5 米尝试勾引犬，但不可以再近以及触动犬身。犬如果仍然不动，助手就可以停止勾引。记住第 1 次不可以太过勾引，尝试一下就可以离开。助手离开后主人要从藏匿处出来，来到犬右侧自己拿起引绳让犬起立。犬如果因为助手的勾引，动身起立，主人应当立即从藏匿处出来，边呵叱边跑到犬身旁，命令犬卧下匍匐绕行返回原处，从新再看守。

犬能够稳固这课的训练，马上尝试让助手在犬前面跑过，也可以先练习两次训导员同助手同时跑过犬前面，还可以做一些声音和动作勾引犬。接下来可以在绳子的旁边放置一些主人常用的东西进行训练。

训练时间：2 天。每天 2 次，每次 1 小时。

第三课：拒绝他人食物不荒废看守

训练目的：犬应当学会不要因为陌生人投掷食物而立即荒废看守，并要让犬不接受除主人以外的食物，以免出现中毒等事情。这课也是拒食课的组成部分。

训练方法：选一名陌生人或不穿制服的助手来充当，训导员牵引犬来到训练地令犬卧下，用绳子系在树上一定要牢固。然后训导员再在犬面前放一些自己常用的东西，就可以藏起来了。让助手从另一个方向出现，走到犬够不着的地方停下，用言语勾引它，语言勾引不成，再拿出美味食品继续勾引。犬如果起立想吃，助手迅速拿出藏在身后的鞭子或树枝打它，而且把食物藏起来。过一会儿再把食品投掷在犬面前，投放在犬能够吃得到的地方。犬如果想吃就用鞭子或树枝打它，这时训导员要及时出现在犬的身边命令犬吠叫，助手要不停地鞭打犬，训导员也要继续命令犬吠叫。这节课训练用的肉，不可以等训练完之后喂给犬吃，但可以让助手带回留给下次训练再用。

第四课：看守报警

训练目的：是要让犬看见陌生人拿取被看管的东西时，向训导员报警，并且警告陌生人，进行吠叫。

训练方法：把犬拴牢固，再命令犬卧下，然后放一些常用的东西，像书包、提箱等。站在离犬 2 米的地方，让陌生的助手来到犬边拿东西，犬如果没有反应主人要命令犬吠叫，陌生人听到犬吠叫立即逃跑，片刻再走近犬再次拿取东西。犬若吠叫，主人立即表扬犬。犬若不叫，主人要命令犬吠叫要不停的命令犬叫，直致助手退后 5 米以外才可停止吠叫。

通过反复训练，主人逐渐远离犬，直到藏起来，犬看见陌生人拿取东西能主动进行吠叫报警为止。

注意：训练中犬吠叫时，不要让犬起身。否则，会咬伤助手给日后实战带来麻烦。

训练时间：2 天，每天 2 次，每次 30 分钟。

使用科目的训练

　　通过基础科目的训练，已经考察和确定犬在某些方面的特点能否进入使用科目的训练，根据犬的特点进行专科训练或全科目训练。

　　使用科目的训练，必须具备有相当的服从性之后，才可以进行。犬具备了基础科目能力有了相当的服从性，在与罪犯斗争当中才能发挥它的作业能力。

扑咬。

　　使用科目包括：扑咬、搜索、追踪、鉴别、巡逻和警戒。可根据犬的特点选择相应的科目进行训练。程序可根据具体情况安排训练某种科目。

第一节　扑咬

　　犬能够熟练掌握了基础科目训练，才可以进行扑咬的训练，只有能够受主人约束的犬，才可以训练这堂课。因为要让犬成为保护人的利器，不要成为吃人的猛兽，犬曾经学习过吠叫而没有学习扑咬，犬曾经学习过看守与守护的方法，这时应当让犬学习用全力扑咬，等罪犯不动以后，立即能够自行停止的管束。

　　训练目的：犬既然能够帮助主人工作，这时应当学习在危难时成为主人的护卫，而且能够降服拒捕的罪犯。犬需要学习凡有抵抗以及抵抗管理人的嫌疑人时，应立即扑咬抓捕，让罪犯倒下而且不要有损坏罪犯不应该损坏的行为能力。要求犬警觉性要高，胆大凶猛，动作迅速敏捷，服从主人指挥。

第一课：扑抓人偶手臂

　　训练方法：助手持人偶站在训练室内或训练场的板墙后，训导员用绳子牵引犬到训练场地行走，这时助手敲击板墙而且把人偶的头露出板墙，训导员立即停止脚步，转向人偶发"注意"的口令，命令犬注意人偶，犬如果自己能立即吠叫，就赞扬它说"好狗"，不然就激励犬，让犬吠叫，吠叫数分钟后，命令助手把人偶的手臂露出板墙，手臂插进一根棍子，作为敲击犬身用。犬如果前抓，立即把棍子抽出，同时收回人偶，让犬有一种人偶看见犬畏惧退避的观念。第一次敲击，犬立即向前抓，训导员发"保护"的口令，同时右手指向人偶，暂时可以不必走近。助手这时立即加紧敲击，而且用长棍向训导员敲击，必须让犬相信是人偶在敲击。训导员与犬向前一步，犬如果无惊惧的神色，命令"保护"，扑抓人偶。犬如果不立即前抓，助手就需要在板墙后加快敲击，最终轻击犬身。训导员发"保护"的口令，激发犬向前，等到犬扑抓后，助手立即与人偶停止一切动作站好。训导员发"放"的口令，犬听到命令立即松放，松放后训导员立即表扬说"好狗"。数次练习后，不用绳子牵引犬，行走绕行数圈后，再让人偶向训导员敲击。训导员立定，命令犬吠叫，助手立即加紧敲击，训导员命令犬"保护"，刺激犬向前扑抓。犬扑抓后，助手立即停止，训导员立即命令犬坐下，千万不要让犬咬人偶的手臂或棍子。表扬犬，与犬离开板墙练习行走，让助手再开始敲击。经多次练习，犬能听到"保护"立即向前扑抓，人偶如不动，则立即停止，坐下吠叫。然后才能让助手穿上防护服，防护服需要无特别奇异的地方。再次练习时，助手可以直接敲击，慢慢把身体透露出板墙。

　　每天练习，直至犬能够听到极细微的"保护"的口令后，也能够立即前抓为止。

第二课：扑倒罪犯并防守、看守罪犯

　　训练方法：助手穿防护服站立在训练场地的板墙后面，训导员牵引犬到训练场地行走。至离板墙 20 米处，命令助手敲击板墙而且慢慢露出来。这时训导员令犬原地吠叫，助手走近训导员敲击大骂。犬在没有听到命令前，不准向前抓，助手立即向训导员轻击，然后转身逃走。训导员发"保护"的口令，向助手追赶，激发、鼓动犬向前抓扑助手的后背。犬扑倒助手时，助手立即停止动作站好。训导员发"卧"的口令，让犬卧下。犬卧下后表扬犬，把引绳放在犬边，训导员立即退到犬的身后，观察犬。这时助手用手臂击打犬，训导员立即向前命令"保护"，犬如果向前扑，助手立即不动，训导员命令犬"卧"，让犬卧下防守、看守助手。练习数次，牵犬离开。等到助手再藏匿后，再牵引犬进入训练。像这样练习，让犬听到"保护"的口令，立即能够跳向助手的后背，把助手扑倒。助手倒地不动，犬看到助手不动能够主动在助手旁卧下。助手如果动而且向犬攻击，犬立即前扑，犬扑倒助手，助手就不要动。训导员命令犬卧下，让犬千万牢记不要扑抓静止不动的人。

第三课：管理人不在时，犬看守不动的罪犯防止其逃脱

训练方法：等犬把助手扑倒卧下看守后，训导员立即离开训练场地藏起来窥视犬的举动。助手如果起立，立即命令"保护"。通过多次练习以后，可以让犬自己工作，训导员在一旁窥视不必下命令。助手需要被犬扑后，立即下卧不动，起立的动作不可以多做，以免犬发怒而导致向助手乱咬。在进行练习时，犬应当知道在什么地方下嘴咬人，让被咬的人毫无抵抗能力而且立即静止不动。犬如果有惊惧神色，这时命令助手逃跑，训导员带领犬追击助手，在追击中扑咬助手，这样可使犬产生扑咬欲。

第四课：让犬在外扑抓抵抗主人以及犬的罪犯，追寻罪犯将其扑倒而且被押解

训练方法：通过训练犬能熟练掌握"袭"、"放"的口令后，才可常带犬练习这堂课。让助手穿防护服迎面走来，用棍子敲击，口中大骂。训导员这时命令犬坐下，命令助手前来攻击犬。由远到近，开始时发"注意"的口令，当助手来到3~5米处命令犬"袭"，让犬咬住助手的手臂，助手立即跟犬展开搏斗，搏斗时间不要太长，10秒左右就可以，时间过长犬会失去理智，不受控制，初训时间要短。助手静止不动，命令犬"放"或"卧"选择其一。犬卧下看守"罪犯"，几秒后助手立即用棍子攻击训导员而且转身逃跑。训导员命令犬"袭"与犬向前追击，让犬跳跃扑咬助手的背部，几秒后助手卧在地上，面部向下，助手不动后，令犬卧下看守助手，训导员退后观察犬。犬如果看见助手动而不主动前扑，就命令犬"袭"。通过多次训练，让犬学会只要助手有动作就主动前扑，助手不动，就应立即停止

扑咬。助手下卧数分钟后，训导员来到犬身右边，令犬坐起来，让助手慢慢起立把双手高高举起来，命令助手前行去训导员指挥的地点，训导员令犬随行在后押解。行走到 50 步左右后，助手突然转身抵抗，于是命令犬"袭"，犬扑咬数分钟后，助手立即下卧面部向下，伏在地上不要动。训导员发"卧"的口令，令犬卧下，当犬卧下后，训导员离开犬观察情况，犬能够注视助手，助手看到犬的威力不敢起立活动。等待数分钟后，训导员下令"坐"，让犬坐起，再命令助手起立双手上举，押解前行。行走 20 米左右命令助手蹲下，发"卧"的口令，令犬卧下独自看守助手。训导员潜伏在犬身后，观察犬并及时纠正犬疏忽的地方，需要仔细练习到犬能够完全稳固熟练为止。

第五课：罪犯逃逸及射击时，犬能够抓捕罪犯并等待主人前来

训练方法：训导员用绳子牵引犬行走，让助手攻击训导员并逃跑。等助手逃走 20 步后，立即发"袭"的口令，命令犬追扑助手。这时助手立即转身向训导员射击，边射击边跑，训导员要不时发"袭"的口令，让犬向助手的背部扑击。犬扑咬到助手的背部时，助手立即依照前面的训练方法下卧。当助手下卧不动后，令犬卧下看守，训导员立即离开。不要让助手在训导员不在的时候射击，数分钟后训导员返回赞赏犬。

下面要用两个助手与犬练习，让两个助手并肩行走，训导员与犬在两个助手的后面随行。命令一个助手逃跑而训导员用左手执住另一个助手的右腕，命令犬追赶在逃的助手进行扑咬，扑咬数分钟后，逃跑的助手下卧。这时押解捕到的助手来到逃跑的助手身边站好，命令逃跑的助手起立，让两个助手并肩站立，令犬看守。务必让犬练习到扑倒助手立即卧下看守逃犯，直至犬能够稳固熟练为止。

第六课：让犬追寻罪犯足迹，向罪犯吠叫，罪犯如果射击立即扑倒罪犯进行扑咬

训练方法：让助手在指定的地点放置一个助手常带的物件，然后向前行进 100 米，藏匿起来。过 10 分钟后，训导员与犬到足迹的起点，命令犬嗅闻而后衔取物件，解去引绳，让犬寻找助手。犬寻找到助手，助手不要动，训导员令犬面对助手坐下后吠叫，不要有扑抓的举动。让助手用枪向空中射击后逃跑，犬应当不等命令立即前追进行扑咬。犬如果不向前追赶，就发"袭"的口令，使犬追赶扑咬，训练纯熟的犬自己能够前追，可以免去一切口令。随后训练逐渐增加足迹的长度。

第七课：让犬在黑夜扑抓向犬敲击的人

训练方法：让助手在夜间等候在指定的地点，训导员牵犬走近。当训导员与犬遇到助手有 10 步时，助手立即向犬敲击，转身逃跑，训导员迅速命令"袭"，与犬追击进行扑咬。练习到犬能够不等待命令自己主动向助手的背部扑击，致使助手倒地不动为止。

第八课：让犬在抓捕罪犯时，不等命令自行扑咬

训练方法：让助手穿上防护服在指定地点行走，训导员牵犬进入场地。助手看见训导员与犬立即攻击，于是训导员发"袭"的口令，进行扑咬。接下来的训练逐步减少口令，直至不发口令犬能够自行主动出击为止。

注意：训练扑咬时，不要固定在一个形式上。袖套咬多了，不戴袖套时犬会不知如何是好，没袖不咬，穿戴扑咬服练多了也是如此。训练扑咬要多变化形式：隔网引逗激怒犬，犬戴不戴口笼、人戴不戴袖套、穿不穿扑咬服要穿插进行训练。

第二节　追踪

训练目的：使犬养成在主人的指挥下，寻觅主人所指示的踪迹，追踪寻获目标后立即吠叫，途中发现遗留物及时告诉主人。

口令："嗅嗅"、"踪"。

手势：右手食指指向嗅源和足迹线。

主要非条件刺激：食物引诱和适当的扯拉及终点的扑咬。

第一课：引导犬上足迹线

让犬通过吃食物的方法引犬上足迹线，使犬明白沿着足迹线能得到美味。

训练方法：训导员先准备一些美味（用火腿肠或香肠），切成 1.5 厘米块状，放入袋中。犬在训练前不要喂食。

在早晨牵犬来到没人经过的平坦而清静的场地，将犬拴在场地边，距离犬面前 3 米处布设足迹线。

训练方法：训导员在起点站好，两脚并齐，左右脚向后各退半小步。在训导员面前呈现的两脚足迹上，脚尖、脚跟处各放置一块肉，4 块肉放好后，左脚向前迈一大步越过放 4 块肉的地方，落地后后蹭 5 厘米，在脚尖处放一块肉，再迈右脚向前，落地后后蹭 5 厘米，在脚尖处一块肉。像这样布设到 30 米时停下，训导员绕道返回犬身边。左手牵犬来到起点，右手指向起点的肉块令犬食用。犬会沿着足迹吃到每一块肉，第一天的教授就可以结束了。

第二天可以布设到 60 米，第三天布设 80 米，第四天到 100 米。

注意：这一节课小犬在出生 5 个月的时侯就可以教起，早教要比晚教好。

第二课：嗅寻足迹线得到奖食

犬学会通过每个足迹，可以吃到每一块肉，时间一长就会用眼睛寻找食物，而不用鼻子去嗅，这时就要让犬发挥其嗅觉寻觅，足迹线上时有时无肉块，为日后实际追踪使用打基础。

训练方法：训导员选择一块平坦低矮而刚刚修剪的草坪来布设足迹线。前5~6步都要放肉，随后可以空一步放一块，或空几步放一块还可以连放几块空一步，逐步减少放肉块的数量，总之要打破规律。布设到60步时向左或向右转，拐个大角度继续走，拐角前后连接处每个足迹都要放置肉块，拐过后进入直线时要不规律的放置肉块，布设足迹线总长不要少于100米。

训导员绕道返回起点左手牵犬，右手食指指向嗅源发"嗅嗅"的口令后，令犬沿着足迹线逐个食用。如犬出现左右寻找，不沿着足迹逐个前进时，问题出在布设足迹线时没按照逐渐减少放置肉块的规律。而一味追求训练速度，空步太长，影响了训练进展。当犬寻觅到终点后，将随身带的物品抛出，令犬衔取，以示奖励提高犬的兴奋度。

训练时间：1天，2次，每次2回，早晚训。

第三课：通过嗅寻足迹线可多得一点奖食

通过前两课的训练，犬发现肉块越来越少，为了得到每一块肉，它会认真嗅认每一个足迹以免丢掉其中一块肉。布设中途和终点要放个皮包，皮包里多放几块肉，目的是让犬在途中发现遗留物要及时告诉主人。

训练方法：布设一条200米的足迹线，起点处放置1~2块肉，起点至50米之间放上1~2块。在50米处放置皮钱包一个，里面放几块肉，继续向前走，到80米处拐一个直角，在拐角处，用脚跟蹭着地走，蹭地是为了加重气味，拐过后走3步再放皮钱包一个，里面也要装上几块肉，再继续走20~30米停下，用手刨个坑，把装有肉块的包半埋起来。随着训练的进展，逐渐把包埋没，增加训练难度，然后再走100米设一个终点。

训导员绕道返回起点，左手牵犬，右手指向嗅源发"嗅嗅"的口令，几秒后令犬沿着足迹线气味来到第一放置点，当犬嗅认皮包时发"卧"的口令，犬卧下后，上前当着犬的面打开包，从里面掏出肉块一个一个的喂给犬吃，吃完后，把包收好，右手指向足迹线发"踪"的口令，令犬继续追踪足迹线。逐渐取消起点、途中放置的肉块，包里面可以换成犬喜欢衔取的物品，以达到奖励的目的。

前几回可由训导员布设足迹线，后面要逐渐换成陌生人布设。

训练时间：3天，每天2次，每次训练2回。

第四课：寻迹

训练目的：为刑事工作做准备，让犬寻觅主人指示的踪迹，看见寻获的"人"，立即吠叫报警。

训练方法：训练这节课，千万不要用穿制服的职员，选择一个与犬相熟的人帮助练习。让助手在一定的时间，在指定的地点，把助手常带的手套放置在那里。并且走出一个50米的足迹线，在足迹线终点处把一个人偶放在那里，助手藏匿在人偶后面。布设足迹线时最好选择一个松软地方行走，以便助手的足迹容易鉴别。训导员牵犬来到助手足迹的起点，令犬坐下，左手牵犬，右手指向手套，发"嗅嗅"的口令，让犬嗅闻，训导员立即到犬前面指示地上的足迹，引犬依照足迹寻找。右手指足迹的方向，连续指示5~6个足迹，命令犬寻找足迹线，随后到犬后面缓步跟随犬前行。犬沿足迹线追踪到人偶的地方，犬能自行吠叫，立即赞赏犬说"很好"、"好狗"、"叫"、"叫"连续鼓励吠叫。犬若看见人偶不吠叫，训导员发"叫"的口令，令犬吠叫，这时助手听到训导员发"叫"的口令的同时，不时地摇动人偶的手臂或摇动全身挑逗犬，引犬吠叫。千万不要对犬有特别惊奇的动作，也不可以击打犬，如果犬有抓挠人偶或扑咬举动，就必须呵斥犬"非"，牵引犬离人偶5米的地方令犬吠叫，犬大声吠叫就走近赞赏抚拍奖励犬。

让犬稍事休息，30分钟后助手重新布设一条100米的足迹线。把人偶放置在终点，助手仍然藏匿在人偶的后面，助手在起点留下他常用或常带的物件。布设足迹线时，可以做蛇形状行走，等助手离开 10 分钟后，训导员立即牵犬到助手留下的物件处。让犬嗅闻物件气味，令犬衔取，然后接过物件，左手牵犬，右手指示新布设的足迹线，发"嗅嗅"的口令，向前一指，命令"踪"。当犬追踪到人偶的时候，助手立即摇动人偶的手臂，要保持人偶固有的位置，转动人偶面向犬，保持好距离，不要让犬有抓挠扑咬的举动，只许犬吠叫，不可扑咬。依照上面方法训练 10 分钟，立即奖励犬，牵引犬离开。

到第三次训练，可以让助手把人偶放在 150 米以外。布设足迹线的路径可以弯曲，然后像前面训练一样，吠叫 10 分钟停止，赞赏以及奖励犬。到第二天换一个不怎么与犬认识的助手另外选择一块训练场地，全部依照前几日的训练方法练习，每天换个地点，换一个助手，一定是犬不认识的人。

训练时间：3 天，每天 2 次。

第五课：寻迹报警

训练目的：让犬依照足迹寻找藏匿的人，看见人立即进行吠叫，只是不像前面用人偶替代人触动犬。

训练方法：让助手布设一条 150 米的足迹线，行走时候，要走成各种钝角的弧度的路。在起点放置一个助手常带的物件，在终点藏匿起来。训导员牵犬来到起点，令犬嗅闻助手的物件，发"踪"的口令，令犬沿足迹线追踪。犬看见助手应立即进行吠叫，助手静静等待，犬若看见助手不吠叫，就应作出忽起忽立的动作刺激犬，不可恐吓犬，待犬吠叫 10 分钟后，停止练习，赞赏以及奖励犬。第二次让助手布设足迹线时，走成各种直角的弧度，布设长度应 150 米。第三次布设足迹线，要走成各种锐角的弧度。犬如果迷路不在足迹线上寻找，训导员要用绳子牵引犬上足迹线，引犬走过各个角度的弧度后，奖励犬。

训练时间：3 次

第六课：布设有坑穴的足迹线

训练目的：逼迫犬运用鼻子的知觉，并让犬自己寻思，想出各种方法，来完成任务。

训练方法：让助手先布设一条直线跳过坑穴，过后立即右转，沿着坑穴行走 50 米，再跳回坑穴，直走到离起点大约 50 米的地方藏匿起来，足迹线总共长 200 米。第二次布设足迹线，助手向左转，布设时不可以横向覆盖过第一次布设的足迹线。第三次的足迹线助手在跳过坑穴以后，可随意转折。等犬追踪到终点看见助手，能吠叫 10 分钟以上，立即奖励犬。

训练时间：3 次

第七课：布设有阻碍的足迹线

训练目的：让犬学习能够越过阻碍，跟随足迹寻找。

训练方法：让助手布设一个大约 200 米长的足迹线途中跨过一个板墙，过墙后藏匿起来。犬需要追踪到寻觅的人，见人要及时吠叫。第二次布设足迹线要让助手跨过板墙后，走一个转角，再跨过一个板墙藏匿起来。每次犬追踪到人必须命令犬吠叫 10 分钟以上。

训练时间：2 次

第八课：布设有人经过的足迹线

训练目的：增加犬鼻子的知觉，让犬能够习惯在人烟密集的地方，也能依照指定的足迹线寻找到人。

训练方法:让助手穿过一个往来热闹的街道，行走一个弓形弯曲的路径，令犬寻迹。第二次布设足迹可以到街上行走，有沟渠的可越过去，再转折回到街上弯曲前行。每次布设足迹需要 200 米长,足迹尽头处要藏伏一个人，让犬寻迹后进行吠叫。

训练时间：2次

第九课：布设有多种阻碍的足迹线

训练目的：让犬知道用鼻子寻找，就是经历许多阻碍也不气馁。

训练方法：助手先走过热闹的地方，再到路边一个房屋内，打开门，在门口等待犬来寻。犬追踪到门口，令犬吠叫。第二次可以另外选择一个房屋，门需要开启助手退到室内，把门半关着。犬追踪到门口，令犬吠叫，这时立即前去赞奖犬，并带犬把门打开，让犬进屋对寻获的人吠叫。第三次再变换一间房屋，助手进入后，立即关闭房门，到室内，犬追踪到门口立即吠叫，把门打开让犬进入室内吠叫。立即赞赏犬。

训练时间：3次

第十课：布设间断的足迹线

训练目的：让犬学习在追踪到树木附近的地方，足迹间断时也能追寻到逃避在树上的人进行吠叫。

训练方法：助手布设一条足迹线，布设到一颗大树根前停下来，攀登上树。训导员牵犬，令犬追踪，犬追到树根旁，因足迹间断，犬左右乱嗅而不前行，这时树上的助手就应立即做些响动出来，引起犬的注意，让犬吠叫。不管是犬自己闻到气味，向上观望进行吠叫，还是助手的引逗吠叫，都要赞赏及奖励犬。

训练时间：2次

第十一课：延时追踪

训练目的：犬能够追寻新鲜的足迹，这时就应当训练犬用鼻子追寻陈旧或被其他新鲜足迹所混杂的足迹。但必须有忍耐及镇静性，在疲惫愤怒的时候千万不要与犬练习这堂课。练习需要仔细认真的工作，否则会没有一点进步。

训练方法：让助手在指定的时间和地点，把助手常用的一个物件放在起点，并开始布设足迹线。布设到 100 米远的地方，把自己藏起来。等 15 分钟后，训导员牵犬来到布线起点，命令犬寻找助手放下的物件，寻到后令犬衔取物件，并嗅闻气味。然后立即引犬来到助手第一步的足迹，走到犬前面，指向足迹线，让犬嗅闻，发"嗅嗅"的口令，让犬鼻子向下，碰到足迹后命令寻迹。犬如果下垂犬头，立即赞奖犬。若犬在寻迹中不低头，用引绳从前脖子下向后穿过犬足之间，这样犬头就被逼向下嗅闻。犬如果自己能够低头向下，而且有镇静的态度，就可以不必把绳子穿过。犬如果疏忽而且有不镇静的态度，就迅速这样处理。让犬追踪足迹时，要每两步稍微一停顿一下，到犬的前面指示给犬足迹，犬若上足迹线追踪，应赞赏犬。这节训练课训导员必须镇静忍耐，千万不要有过激的动作。不要让犬追踪足迹线旁边的足迹。训练中发令要镇静，让犬也感受到训导员的感触，从而能够镇静，要完成这 100 米远的追踪工作，至少需要半小时。助手不可以动，等到犬寻找到后，助手起立。训导员命令犬吠叫 10 分钟，完成后赞赏犬，牵引犬与犬散步，这天训练可以结束，不必再让犬寻找足迹工作了。

第二天让助手布设一个 200 米远的足迹线，然后藏起来，最好藏在一间空房内，足迹线上助手可以放上一个树枝。过半小时后，训导员牵犬来到起点令犬追踪。前 50 米像第一天一样与犬训练，然后稍微松犬引绳，让犬慢慢追踪，训导员稍微退后，每 10 米一停顿，缓步到犬前面，命令犬用鼻子指示足迹给训导员，再令犬寻找，再进行工作。犬如果不镇静工作过于着急，不受牵引的控制，要忍住不要着急，慢慢命令犬"慢！慢！慢！"立即停止，缓步到犬前面指示足迹。犬如果离开足迹，立即牵引犬转一个弓形，退回几步再开始练习第一天的训练过程。像这样才可以让犬学习追寻陈旧足迹或者被其他各种气味淡化了的足迹。

追到空房前，解开犬的引绳，让犬在已经关闭的门口吠叫。帮助犬打开门，让犬对着助手吠叫，赞赏及奖励犬。完成训练后牵引犬与犬散步回犬舍。

第三天，助手布设足迹线 500 米，然后藏匿在一个僻静的房间内，把门关紧，事先训导员只知道起点而不知道其他的。过 1 小时后，像第一天和第二天一样与犬练习，犬每次追到 20 米后，训导员必须走到犬前面指示足迹给犬，然后令犬继续追寻。犬若不怎么镇静，就多指示足迹，千万不要让犬急迫仓促不认真的工作。犬追寻到房间门口命令犬吠叫，开门，不要牵引，让犬自己进室内寻找，寻找到助手令犬吠叫，赞赏以及奖励犬，牵犬与犬散步。

第四天，让助手布设一个 200 米长的足迹线，然后途中可以遗落一个助手常带的物件。一个半小时后，训导员带犬到起点令犬追寻。上足迹线要镇静精准，当犬找到遗落下的物件时，令犬卧下，要及时奖励犬，然后继续追寻。追踪到稻草旁边，助手在稻草中藏匿不要动。训导员命令犬吠叫，然后上前把稻草移开，等到助手全身出现后为止，再命令犬重新吠叫，奖励犬。牵犬散步回犬舍。

注意：训练时，绝对不能投机取巧。让犬在一件事上，工作完善后再进行下一步工作，从易到难，逐步前进，千万不可以在训练这一课还没有纯熟时进行其他课目练习。助手可以随时随地变更，训导员需要留意也需要有鉴识各种足迹的能力。

第十二课：布设复杂足迹线延时追踪

训练目的：让犬妥善运用嗅觉以及让管理人能成为熟练鉴识足迹的警犬管理人员，经过热闹的街市追寻陈旧的足迹。

训练方法：让助手选在清晨，行走 200 米长的足迹，需要通过 100 米长的热闹街市，跳过街旁的沟渠，忽左忽右的行进，让助手布设的路径变得弯曲，再寻找一个藏匿的地方（房屋、仓库、草棚、树顶、墙垣）训导员不可以知道助手的藏匿地点，途中可以让助手遗落 1~2 件物品，在跳过沟渠的地方，需要有特别的标志，让犬仔细衔取需要镇静而且有安稳的工作态度。每追踪 30 米做一个停顿，到犬前面指向地面，发"嗅嗅"的口令，命令犬把足迹指示给训导员。在热闹的地方，需要多命令犬指示足迹。犬如果疏忽，就迅速转折返回，重新开始进行工作。犬如果一时不能寻找到后面的足迹，就命令犬寻迹助手跳过的旁边寻觅，跳过的地方气味明显，像这样犬能够迅速恢复寻找方向。犬如果失去助手足迹，在原地就命令犬卧下，训导员需要确认犬确实失去寻找的足迹后，牵犬向后转一个弓形，直到犬寻找到足迹后为止，令犬继续追踪。在松软的地方，需要仔细观察足迹的各种不同，需要牢记足迹的形状，如何鉴识，像后足跟有没有失去的钉头，足底有没有斑痕，有没有倾斜的架势，有没有宽长特别的足底以及足跟，像这样可以熟悉一切足迹，能与其他足迹区别。训导员必须学习这项鉴别足迹的方法，在追踪工作中考察犬是否在足迹线上，并且在紧急时候更正错误。犬寻获助手后，就让犬吠叫 10 分钟，然后赞赏以及奖励犬。

第二天，可以延长足迹的陈旧，让足迹不再是新鲜的。助手布设一个1000 米长的足迹线，横过热闹的地方，跳过水沼或坑穴，忽转锐角或再转个钝角弧度，助手在途中需要依次遗落下各种物件，以便追踪起到奖励犬的作用。到一个半小时后训导员牵犬令犬寻迹。

第三天，足迹线需要 1500 米，延长追踪时间需要 2 小时的间隔，途中要过热闹的街市，也需要遗落下各种物件以及妥善藏匿，在追踪时镇静稳固以及仔细寻找足迹。

逐渐延长足迹线长度和追踪间隔时间。让犬镇静安泰，慢慢认真工作，只有逐步仔细精确寻找足迹的犬以及有忍耐的训导员，才可以解决各种疑难的问题。

第十三课：追寻曾经在房间停留逃脱的人

训练目的：让犬学习在空房或者营帐内嗅到气味后立即能追寻足迹寻获逃脱的人。

训练方法：这堂课让犬循序渐进练习。不要忘记寻找时，训导员需要留意各种足迹的形状，像足迹的后跟有没有特殊的地方，有无圆形方形的钉痕，足跟有没有马蹄铁的痕迹等。追寻以便于减省犬的工作，以及更正犬的错误。选择一个空寂几日没人住宿的房子，需要明确告诉助手，助手进入时的足迹千万不要与助手出去时的足迹相混。助手从窗口跨入，坐或俯卧在地面一刻钟后，不用遗落下物件在室内，助手从门口离开这处房间，再行走 100 米远立即藏匿起来。等待 1 小时后，训导员牵犬来到，留意在进屋前不要与助手出来时的足迹相混，把门关上，解去引绳，让犬嗅闻室内的气味。5 分钟后，立即用引绳牵引犬开启门，命令寻迹，缓步跟随在犬的后面。到松软的地方，立即走到犬前面，命令犬把足迹指示给训导员，是否完全无误，如没有错误，立即赞赏犬，再跟随犬前行。每 25 米处停顿，让犬把足迹指示给训导员，寻获到助手，就去掉引绳，命令吠叫 10 分钟，然后牵引犬，赞赏以及奖励犬，牵引犬散步。

　　训练的第二天选择一个有两扇门的房子，让助手出一扇门，训导员出入另一个门，助手在屋内停留 15 分钟卧伏在地上，不要遗落物品在屋内，从相对的窗户出去，行走 500 米远，藏起来。过 1 小时后，让犬在室内嗅闻 5 分钟，牵引犬到窗下，命令寻迹把最初的足迹指示给犬让犬仔细的工作，不可以过于急躁。每 30 米稍微一停顿，到犬前面，命令犬把足迹指示给训导员，像第一天的训练方法一样，到第三天让助手从第二扇门出入，训导员就从第一扇门出入，等到 10 分钟后，助手立即从第二扇门离开这屋子，通过一个开向其他屋子的窗户，立即从其他屋子的门离去，走 1000 米远后，立即藏匿。经历 2 小时，训导员与犬进入这屋子，让犬嗅闻气味。牵引犬在离开这屋子的时候，在门口命令犬寻迹，沿着屋子的四周寻找，让犬把足迹指示给训导员，如果正确就赞赏犬并继续工作。

　　到第四天，像前面工作一样，只延长足迹到 1500 米远，延时 3 小时后，开始工作。

　　第五天逐渐延长足迹线和延时追踪时间。

第三节　搜索

训练目的：让犬学习嗅闻罪犯遗落物件的气味，寻找罪犯藏匿的各种物品，对一些容易藏匿罪犯、罪证、违禁品、危险品的场所和物件，进行搜索及安全检查的工作能力。

口令："搜"。

手势：右手向搜索方向一挥，或指向搜索的位置或物件。

主要的非条件刺激：获得附有所求气味的物品和助手。

训练器材：常用物品（作案工具、凶器、鞋、袜子、帽子、服装等）、包装物品（箱子、书包、行李等）、爆炸用品（TNT 炸药、黑索金炸药、枪支弹药、爆竹等）、搜毒用品（鸦片、海洛因、大麻等）。

第一课：搜物

训练目的：在屋内等地方寻找罪犯藏匿的物件。让犬学习嗅闻罪犯物

搜索。

件的气味，寻找罪犯藏匿的各种物品。

训练方法：让助手把自己常用的手套放置在室内的地板上，再把自己常带的三两件物品藏匿室中的床下、箱子后面、书包旁边等地方。训导员要知道藏匿的是什么物品和物品的数量以及放置的地点。助手离开，训导员与犬在 1 小时后来到这里，解去引绳，指示地板命令犬衔取助手的手套，衔起来接过手套后，右手向搜索方向一挥发"搜"的口令，让犬向前搜索，搜索时用口令督促犬工作，赞赏犬。犬如果能够寻找到一个物件，立即奖励犬表扬它说"好狗"，再让犬继续开始工作，直到犬把所有藏匿的物件寻找出来后，牵引犬回到犬舍。

到第二天，让助手放置在走廊中一件物品，另一个物品放置在楼梯上，其他物件藏匿起来，藏匿时把其他东西盖在上面。延时 2 小时后，牵犬来到现场，令犬衔取第一个物件，表扬后令其搜索第二个物品，犬如果寻获到藏匿的物件，扒抓呜咽而且吠叫，应当迅速帮助犬得到物件，让犬衔取，赞赏犬后，让犬再继续寻找。

第三天，让助手把手套再放置在走廊中，可以稍微将手套藏匿在隐秘地点，而不要过于隐秘以致难以寻找。其他物品藏匿在能够嗅到的地方，训导员需知道放置地点及藏匿物件。延时 3 小时开始搜索工作，等到犬在走廊中找到手套后，立即让犬自由搜索，为加大工作难度，也可以掺杂在其他课练习。

第二课：搜人

训练目的：搜人包括搜寻失踪人员或受难者，在刑事案件中为搜捕逃犯、搜索尸体。

训练方法：选择好训练场地，让助手牵犬，训导员隐藏在离助手 50 米处的树后或房子的转角处，令犬注视训导员所在的方向。在搜索前训导员可发出声音或露出头来引诱犬的注意力。当犬发现训导员时，助手解去引绳令犬前去，发"搜"的口令，因为隐藏者是训导员，犬很迅速的到达训导员身边,当犬来到跟前时,令犬面向自己坐下发"叫"的口令,犬吠叫后,给犬衔物予以奖励。两次后逐渐延长藏匿地的距离。

第二天,训导员牵犬,助手穿好防护服,在离开训导员前,挑逗犬引发刺激犬的凶猛性,并让它产生扑咬欲,然后藏匿在距训导员 100 米处。藏匿好后,训导员牵犬发"搜"的口令,训导员牵犬尾随犬后,当犬发现助手时,命令犬面对助手坐好再发"叫"的口令,犬吠叫时,助手站直不要做其他动作。犬吠叫 1 分钟后,一种方法助手突然做出攻击犬的动作,这时训导员立即发"袭"的口令,令犬进行扑咬。另一种方法是助手从身上取出衔物投向犬,让犬衔取,然后训导员令犬放口取下衔物,发"坐"的口令,让犬面对助手坐下,再次吠叫。助手听到训导员发"放"的口令时,就应当立即停止一切动作,通过多次训练,犬会明白只要助手不动,只可吠叫不可扑咬。

第三天,让助手提前到训练场地,在指定的几个地点,选择一处藏匿起来,训导员牵犬指挥犬进行搜捕,犬能根据训导员的指挥,指到哪里,就搜到哪里,搜到助手时主动坐下吠叫。经几次训练后,去除引绳,逐渐延长去现场的时间。

第四节　巡逻

野地或工地巡逻的训练在安全保卫上很重要,因为不但要让犬寻找各种遗失或者藏匿的物件,也是要让犬能够寻获各个潜伏、遇难、受伤人员及犯罪分子后,迅速报告主人。

训练目的:让犬能够朝着一个指定的方向地点进行巡逻,巡逻途中,要保持高度警惕性,搜索各个角落,寻找各种可疑物和人员,并能及时发现情况立即报警,对拒捕者进行勇猛扑咬。

训练方法:选择清晨或黄昏,地点要选择一个空旷僻静有稀疏的树林为宜,因为可以避免有干扰。训导员牵犬来到这个地方,右手向要去的方

城墙上巡逻。

向一指，发"注意"的口令，这时助手要发出一些声响引起犬的警惕，助手要藏匿起来，不要让犬看见。训导员牵引犬向助手方向前进，犬如果不去，这时助手可以向犬方向投掷一个常带的物件，等到犬寻找到物件，令犬嗅闻后衔取，赞赏犬后，牵犬回犬舍，第一日练习完成。

第二天到第一天的地方练习，助手提前藏匿在指定的方向和地点。随后训导员牵犬来到场地，解去引绳令犬随行一段距离，右手向助手方向一指发"注意"、"搜"的口令，让犬依照训导员所指的方向前进搜寻。搜到助手，令犬坐下吠叫，训导员来到犬身边后，助手立即逃脱，这时训导员向助手方向一挥，令犬进行扑咬，可以不发口令。

第三天练习时，训导员让助手提前到达，可以在中间放一个箱子或书包，让犬看见而且进行吠叫，在另一处，仍然命令助手藏匿，让犬寻获以后吠叫。

到第四天，可以命令两个助手藏匿，一个藏匿于一处，另一个藏于另一处。训导员解去引绳，令犬跟随训导员行走，离第一藏匿处 30 米时低声发"注意"同时右手向藏匿方向一挥，接下来再发"搜"的口令，令犬前去察看寻找。寻捕到第一个助手后，训导员令第一个助手下卧，伏在地面

太和殿广场巡逻。

上，用右手指向另一个藏匿处，令犬前去搜索。当犬寻获到第二个助手时，助手也不要动，犬会自行吠叫，这时训导员要及时押解第一个助手来到第二个助手身边，命令两个助手并肩站立，赞赏犬后结束训练。

观看第一个图，实线是犬搜寻的路径，虚线是训导员走的路径。

在训练场地先准备两至三个掩体，安放在训练场地两边，每个掩体间离 30 米。在 A 点处藏匿一个助手，训导员牵引犬从中间开始，右手向 A 点方向一指，发"搜"的口令，与犬一同来到 A 点处，令犬坐下面向助手吠叫，然后助手攻击犬逼犬扑咬助手，扑咬数分钟后，令犬放开助手，这时助手跑向 B 点处。训导员牵犬回到起点从新开始练习，发"搜"的口令时，要让犬在训导员前面几步，到达 A 点处，绕过 A 点再用左手向 B 点方向指，命令犬"搜"，犬如果不去，让 B 点的助手露出头来引诱犬前去，等到犬到了 B 点令犬进行扑咬。第二次练习，训导员牵犬在起点，助手在 A 点引逗犬，这时训导员把犬牵回，当犬离开起点时，助手从 A 点迅速到 B 点藏匿，当助手藏好后，训导员再把犬牵到起点，右手向 A 点一指发"搜"的口令，这时犬会迅速到达 A 点，因为它离开时看到助手在 A 点处，当犬到 A 点查看没有助手时，训导员左手向 B 点处一指，发"搜"的口令，同时助手露出头来逗引犬，犬到达 B 处进行扑咬。第三次练习，让犬看到助手在 A 点处，把犬牵回。助手从 A 到 B 再从 B 到 C 处藏匿。训导员牵犬来到起点，右手向 A 处一指令犬搜，当犬到达 A 处看没人，训导员左手向 B 处一指令犬搜，犬到达 B 处看到 B 处没人时，助手立即在 C 处逗引犬前去扑咬。犬如果不去，可以牵引犬去 A、B、C 处。

　　观看第二图，从牵引犬去各个掩体到逐渐缩短训导员去的路径。训导员解去犬的引绳，用右手向右指，命令"搜"跟随在犬的后面，等到犬到达 A 点后，训导员立即转身向左而且用左手向左指，指向 B 点处，犬到达 B 点处后，训导员转身向右用右手再向右指，指向 C 点处，按照这种方法应当让犬把六个掩体全部搜完。要让犬做到，训导员向什么地方指示，犬就向什么地方前进。训导员逐渐缩短行走的路径，指挥犬不要用口令，要用手势，应当让犬学会集中精神注意训导员。

　　这级训练，前 10 天，可以让犬在第 6 个掩体处寻找一个物件而

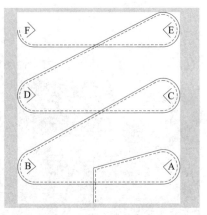

图一虚线为人走路线，实线为犬走路线。

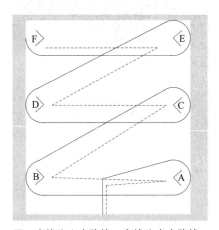

图二虚线为人走路线，实线为犬走路线。

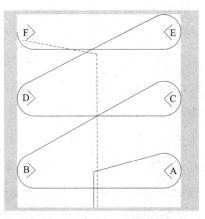

图三虚线为人走路线，实线为犬走路线。

且进行衔取，以后可以用箱子或者人等藏匿。

训练搜掩体，需要用耐性与犬练习，不要烦扰，逐渐的练习才能够让犬稳固熟练工作，犬如果在转折地方不能理会，应当指导犬，至少需要练习20次以上。

观看第三图，从逐渐缩短训导员去的路径到训导员行走直线为止，不可以过于着急而导致疏忽。需要留意犬在横向搜寻时，常常精细、准确，如果有错误的地方应当立即前往帮助犬，先可以用手指示犬，需要向什么地方转折，需要观察犬能否领会训导员的意图，在必要时帮助犬，千万不要过急、过度。

在黄昏以及明月的时候，与犬练习，以后可以选择夜间黑暗以及有风雨的天气练习。

让助手随意藏匿在不明显的地方，犬应当独自搜寻，寻获以后吠叫，等待训导员前来而停止。让助手穿上扑咬服藏匿在草堆或仓库内，巡逻这些地方，务必让犬搜获助手，命令助手向训导员扑击，看实际情况要变化搜寻。

通过反复训练，逐渐沿长巡逻路线和更改路线。助手要随时更换，藏匿的地点也要有变换。为了保持犬警惕的持久性，助手要在犬麻痹的时候发出声响或出现。在巡逻路线上助手可以留下他常用的物品，使犬根据物品的气味和周围的足迹进行追踪、搜索、扑咬等综合性锻炼。巡逻到达人员稠密的地方，要人犬不离，一同出入牵犬巡逻，防止误伤群众，要准确判断，犬索定目标后再命令犬扑咬。

巡逻。

第五节　鉴别

训练目的：给予犬嗅源气味，再让犬从若干种气味中分析辨别出与嗅源相同的气味，指示给主人。

口令："嗅嗅"。

手势：右手持镊子指向嗅源和被鉴别物。

主要的非条件刺激：各种奖励方法。

训练器材：鉴别物品、镊子、鉴别罐、保鲜袋、嗅源提取器。

第一课：从无味的配物中寻找带有主人气味的物品

训练方法：选几件没有人体气味的干净物品，作为配物，用镊子夹住摆放在干净的地面上，摆成一字型，每件物品间距 50 厘米。主人选两件附有主人气味的常用物品，初训要选择犬喜欢的衔取物品。

例如用一支鞋子作为嗅源拿在手里，另一支摆放在配物一头，距其他配物 50 厘米。布置好后牵犬远离配物，衔取训导员手中的物品，2~3 次后牵犬回到放配物 3 米左右的地方把衔取物放在地上，让犬面对鉴别物坐好，然后对犬发"嗅嗅"的口令，同时用右手拿住镊子指点放在地面上的衔物让犬嗅认，让犬嗅认两次后，牵犬前去衔取训导员放在配物旁边的另一支鞋子，当犬有衔的表示时，要及时用"好"的口令表扬它，然后将衔取物衔回，再接过来衔物，把犬牵回到嗅源处，令犬坐下，坐待延缓。

接下来将衔回的衔物放回到配物当中，用镊子把配物夹起来和衔物换一下位置。然后回到犬身边，左手持引绳，右手拿镊子指点放在地面上的物品，同时发"嗅嗅"的口令，令犬嗅认，嗅认嗅源气味要充分。当犬嗅好后，立即引犬前去鉴别，一定要使犬按顺序逐个分析嗅认被鉴别的物品。当犬鉴别出与嗅源气味相同的物品，并有衔的表示时，应及时用"好"来表扬奖励它。然后令犬将所求物衔起，牵犬回到起点，令犬坐下，把物品接过来，令犬坐待延缓，等待下次的训练。

通过多次训练，逐渐去除引绳，要频繁变换配物和被鉴别物的位置。附有主人气味的鉴别物也要多样化。如袜子、帽子、手套、手帕、衣服等。

训练时间：1天，2次，每次20分钟。

第二课：从有他人气味的配物中寻找带有主人气味的物品

训练方法：这节课就要变换配物了，从无气味的配物换成有他人气味的配物，由犬鉴别出有主人气味的物品。初次可先换1~2个，摆放鉴别形式跟第一课一样摆成一字型，把附有主人气味的物品摆放其中。然后牵犬来到嗅源，令犬坐下，用镊子指向地面上附有训导员气味的物品，同时发"嗅嗅"的口令。让犬充分的嗅认后，令犬前去鉴别，将所求物品衔回。通过多次练习，逐渐把无气味的配物全部换成有他人各种气味的配物。

第三课：从无味配物中鉴别出他人的物品

训练方法：跟第一课训练方法一样，配物要选择不附有人体气味的干净物品，不同的是嗅源和所求物要附有他人气味来充当。摆放形式，呈横形或竖形均可。配物和所求物每个物品要间距50厘米，嗅源摆在距离被鉴物3米处。牵犬到嗅源跟前，用镊子指向嗅源物，同时发"嗅"、"嗅"的口令，让犬充分感受嗅源气味，嗅2~3次后，令犬前去鉴别，要按顺序逐个分析嗅认被鉴别的物品。当犬鉴别出与嗅源气味相同的所求物前，不要做出任何小动作，一定要犬有所表示后，再做出喜悦的表现。否则犬会通过训导员的表情判断所求物。

第四课：嗅源、配物和所求物都有他人气味鉴别出与嗅源相同的物品

这一节课训练要把配物逐渐换成有多人气味作为配物，所不同的是，

嗅源和所求物要附有被鉴别人的人体气味。摆放形成和距离同上。

训练方法：牵犬来到嗅源前令犬面对嗅源坐好，用镊子指向嗅源物发"嗅"、"嗅"的口令，令犬嗅认，犬充分感受嗅源气味后令犬前去鉴别，犬按顺序逐个分析嗅认被鉴别物时，跟在犬后不可有所表示，当犬鉴别出与嗅源气味相同的所求物时，用温柔的语气令犬卧下，上前将所求物拿起给犬衔取。

通过几次练习逐渐固定犬的鉴别形式：坐待嗅源前——嗅认嗅源——前去逐个分析嗅认被鉴别物——嗅到所求物指示给主人——卧下等待主人的奖励。奖励逐渐换成主人身上带的衔取物，不一定非要是鉴别的所求物品。

第五课：嗅认罐内嗅源

训练方法：训导员牵犬来到预先准备好的一个干净的鉴别罐旁边，让犬坐待延缓，然后当着犬的面，把附有主人气味的物品投到罐内，以引起犬的注意，这时再让犬嗅认罐内物品，并同时发"嗅嗅"的口令，只要嗅认罐内物品就要及时表扬。这时犬会有衔取罐内物品的欲望，要避免犬过于兴奋，兴奋影响嗅认。所以要选择口小一点的罐，以防犬衔取到物品。

犬嗅认嗅源往往会衔取嗅源物品，这时切不可以着急，粗暴会给犬带来抑制。经过多次耐心细致的引导，犬很快就能建立起条件反射。

第六课：从无物的配罐中鉴别出有主人气味的罐

训练方法：首先准备 10 个左右洗净的空罐，在训练场地摆成一字型，每个间距 30 厘米，再选择 2 个空罐放在离群罐 2 米处当嗅源。然后当着犬的面将两件附有主人气味的物品中的一件放入 2 个空罐中的一个罐内，把另一个物品放入群罐中的任意一个罐内，回来牵犬令犬嗅认嗅源 2~3 次，接着令犬坐待延缓，训导员来到嗅源处将 2 个罐中的空罐用镊子夹住摆放到群罐当中，然后牵犬到群罐中搜索。当犬鉴别出罐中物品时要及时奖励，将罐内物品拿出给犬衔取。通过反复训练，让犬顺利习惯这种形式的罐内嗅认。

第七课：从有他人物件的配罐中鉴别出有主人气味的罐

这节课要在空罐内逐渐增加配物，从无气味的配物换成有他人气味作为配物。

训练方法：训导员用镊子夹 2 个无气味的配物各放入群罐当中任异 2 个空罐内，牵犬来到离嗅源 1 米处令犬坐待延缓，当着犬将附有训导员身体气味的 2 件物品中的一件放入其中一个空罐内，将另一件物品放到群罐当中。然后牵犬来到嗅源处，令犬嗅认有物品的罐 2~3 次，每次犬嗅认时都要重复"嗅嗅"、"好好"的口令，然后再牵犬退后 1 米令犬面对嗅源坐待延缓，训导员来到嗅源处，将嗅源的 2 个罐子调换几次位置后，当着犬将空罐放到群罐当中去，放的过程也要调来调去，让犬不知道哪个是让它找寻的罐。这时回到犬身边牵犬来到群罐旁，令犬从第一个开始逐一嗅认，犬如果对放有训导员气味物品的罐有获取表现兴奋时，就要立即奖励，发"好好"的口令，并迅速将物品取出给犬衔取。

通过反复练习逐渐增加配物，使每个空罐中都有一件物品，从无味逐渐换成有他人气味的配件物品。

训练时间：因犬施教，个体不同，效果不同。

犬必须根据指挥，顺利的进入到形式中去进行罐内嗅认，才能进行下一步。

第八课：嗅源罐和配罐都有他人物件鉴别出与嗅源相同气味的罐

这节课就是重复第一课和第二课的训练，所不同的是嗅源和所求物换成他人气味的物品，作为鉴别物。

训练方法：像第一课一样选好几个干净的空罐摆成——2 个空罐当嗅

源罐,在离嗅源罐前方 3 米处程一字形横摆几个空罐每个间距 30 厘米摆好。

选一件有助训员气味的物品，当着犬的面放到嗅源罐内令犬嗅认，犬嗅认时要不断鼓励犬，发"好"的口令来强化犬嗅认，嗅认 2~3 次后待犬有获取兴奋表现时，要迅速将物品取出给犬衔取。通过反复练习几次后，接下来取 2 件附有他人气味的物品，一个事先放到所求物的群罐当中去，一个当着犬的面放到嗅源罐的其中一个罐内。令犬前去嗅认 2~3 次后退回原地令犬坐待延缓，来到嗅源处将 2 个罐来回调换后，将空罐拿到所求群罐当中去摆好，这时回到犬身边牵犬到所求群罐当中去嗅认，当犬逐一嗅认罐时，不要有任何表示和做一些小动作，犬如果对所求物的罐有获取兴奋表现时，它会用爪扒罐，这时才可以将所求物取出给犬衔取来进行奖励。

注意：要认真培养犬细致嗅认嗅源，犬若不认真细致嗅嗅源，这节课就不要进行下去，否则会造成犬来回来去乱嗅乱碰的错误鉴别胡乱反应。

第九课：从有复杂气味的配罐内鉴别出与嗅源相同气味的罐

将每个空罐内放入配物，配物要附有他人气味，每个空罐内放入的配物要各有不同气味，被鉴别的所求物要多样化，经常更换陌生人气味当做鉴别物，便于今后实际运用。

训练方法：事先将所有罐内分别放入所求物和配物，牵犬来到鉴别场所令犬坐下，几秒后令犬到嗅源罐嗅认嗅源，退后令犬坐待延缓，训导员来到嗅源前将 2 个嗅源罐来回颠倒 2 回后,再将空罐放到群罐当中去倒 2 回，然后牵犬到所求罐当中逐一嗅认。当犬嗅到所求物罐有获取兴奋抓扒罐后，再给犬奖励。

第十课：规范鉴别

在鉴别中使用的罐子一定要保持清洁，一节课中犬反应过的罐子应重新更换，不可以只换物品不换罐子。鉴别物和配物要多样化不可固定。

训练方法：训导员事先让助手用大镊子将配物和所求物放入罐中。然后训导员带上新手套换新牵引带，牵犬来到嗅源前令犬坐下，坐后让犬嗅认嗅源，犬充分感受嗅源后解除引绳令犬前往鉴别处，训导员跟随在犬身后或者站在原地不动等待犬前去鉴别，犬分析嗅认出被鉴别物时，出现扒或卧后，训导员再去奖励。形成固定形式，对犬很重要，犬会很快形成条件反射，在作业中兴奋自然，逐物嗅认分析，认定反应明显。

第六节　警戒

训练目的：通过训练，让犬对警戒地区进行严密监视，发现可疑情况及入侵者及时报警，并且能够听从主人的指挥进行追捕扑咬。

口令："注意"、"袭"。

手势：右手指向警戒方向。

主要的非条件刺激：助手的挑逗动作。

太和殿修缮警戒。

第一课：栓系警戒

训练目的：为了专门对某些重要的范围狭小的场所，像库房门口、重要出入口进行警戒。

训练方法：选择傍晚让助手事先在距离犬警戒点 80 米处藏匿起来。训导员牵犬到警戒位置用铁链将犬拴牢固，但必须有它能活动的空间。稍停片刻，训导员用右手指向警戒区的前方，同时发"注意"的口令，助手听到"注意"的口令后开始行动，要以鬼祟的动作时进时退逐渐接近犬，初期移动要做出响动，当犬发现情况吠叫报警时，助手应立即停止活动，吠叫停止后，再开始移动接近犬。训导员要在犬身边进行抚拍奖励。当助手逼近到 30 米处时要大声说"站住！不站住就放狗了！"这时助手要继续向前走，要做出攻击的样子来，训导员看到助手攻击，立即解除铁链放犬追捕助手进行扑咬，助手应立即逃跑，扑咬数分钟后，训导员令犬放下助手将助手押走。

犬如果不吠叫，助手就用树枝轻击犬，接着装出惧怕犬的样子往回跑，时而进攻，时而装出怕犬的样子逃跑。观察犬的动态，要装的跟真的一样。

助手要经常变换隐蔽的地方，要从不同的方向进攻，不同的时间，不同的地点出现，是为了避免犬对助手固定出现的方向形成不良反射，也是锻炼犬的警戒性和持久性。犬对拴系警戒的能力形成后，训导员就要离开犬，让犬养成独立警戒的能力。当助手接近犬，犬吠叫报警时，训导员可以在隐蔽处发"好"的口令表扬犬，也可以出来回到犬的身边奖励犬。

训练时间：结合工作地点需要，经常练习。

第二课：活动警戒

训练目的：就是看家护院，在一定的范围内进行警戒。发现其他人员、陌生人的入侵进行吠叫报警及扑咬。

训练方法：选择一处庭院，训导员将犬带入，解除引绳令犬自由游散，让犬熟悉它警戒范围内的环境。助手要事先隐蔽在墙外，要在约定的时间敲打墙壁，以引起犬的注意。然后登上梯子跃上墙头，向犬发动攻击，当犬吠叫后，立即消失在墙外隐蔽，待犬停止吠叫时，助手再次出现在墙头上，对犬进行攻击挑逗。

通过反复训练，犬就会对墙头出现的陌生人进行吠叫报警。接下来就要对大门口进行警戒训练。先将大门打开，训导员牵犬在大门口内5米处等待助手的出现。助手在大门口处出现做晃荡的动作，当犬有吠叫时，训导员要及时制止。助手再次到门口处晃来晃去突然闯入院内，这时训导员立即发"袭"的口令，令犬对助手进行扑咬。助手遭犬扑咬时，要尽力把犬拖到门口外，到门口时训导员发"放"的口令，令犬放开助手，放开后，助手要离开门口在外边等待站好，训导员牵犬回到院内等待下一次助手的入侵。经过反复训练，一定要让犬明白，院内才是它警戒的范围。

这一节课必须结合拒食科目进行训练，最终达到独立作业。

第三课：蹲守警戒

训练目的：守候入侵者或被抓捕者的到来。对拒捕者进行必要的追捕扑咬。

训练方法：选择一处必经之路。训导员牵犬在此隐蔽，令犬卧下，训导员也要取低姿下卧。助手在距离犬80米处出现，发出声响引起犬的注意，然后东张西望，以鬼祟的动作向犬的方向走来，时而停下，时而前进。在助手开始行动时，训导员要不时的低声发"注意"的口令，同时左手握住牵引带，右手指向助手方向，并且观察犬对助手的反应。如果犬有探身观看，竖起耳仔细听等表现时，要及时给予抚拍奖励。犬如果过早的发出吠叫，训导员应轻击犬嘴加以制止。当助手走到距犬30米以内时，训导员向助手发"站住"的口令，助手听到命令立即逃跑，训导员解除引绳发"袭"的口令，令犬追捕进行扑咬，扑咬数分钟后，令犬放下助手，助手应停止反抗，并将其押走。

随着训练的进展，应逐渐增加道路上的人员以增加犬训练的难度，延缓助手出现行动的时间。蹲守地点也要经常更换。抓捕扑咬距离要远近结合。

注意：扑咬时，助手必须穿防护服，如助手没有防护服，则犬必须带口笼。

顽疾纠正

第一节　变坏纠正

如果因为训导员对犬的误导或者在训练方法上有缺欠，以及在训练过程中情绪和心理上存在敷衍或急躁，甚至虐待与管理不善、疏忽大意等原因，导致所训练的犬出现服从上的顽疾——不良习惯，也就是俗称的"训导员将犬带坏了"。这种情况，该训导员无法再对该犬进行顽疾的纠正，只能作为前车之鉴，提醒其他训导员切勿重蹈覆辙。给训练中的工作犬造成顽疾的训导员，永远都将被同行所谴责鄙视。

一般来说，纠正一只具有顽疾的工作犬实在是一项困难且艰巨的任务。甚至可以说很难弥补，毫不夸张的说"纠偏"可以算是一门需要付出巨大代价的"艺术"。对于个人而言，不要轻易尝试。如果一只在训练中已造成顽疾的工作犬，成长到3年龄，已无"纠偏"必要。只能沦为宠物犬，若勇猛也可降格为看门犬。

只有极少数训导员能够承担对具有顽疾的工作犬的"纠偏"任务，首先，该训导员必须具备稳定的心理素质，超乎常人的镇定的训练态度；其次，必须真诚的喜爱他即将进行"纠偏"的犬，对其有坚定的信心，坚强的毅力以及高度的忍耐力。

"纠偏"工作的进行，需要充分掌握以下要点：

1、犬的具体年龄？

2、所属犬种？

3、该工作犬的母系犬是否在训练中有过什么样的毛病？

4、该工作犬在目前训练中有何毛病？

5、该工作犬曾经受过何种教养训练？是否在训养中存在着训导员过于苛刻或放纵容忍，过于急躁或疏忽大意，以及训导员在着手训练时该犬是否存在着年龄过小或体质弱等问题。

6、这只犬之所以变坏，是因训养时哪方面出了毛病而变坏？

在着手"纠偏"之前，训导员要经常与该工作犬接触，培养其对训导员的眷恋意识和信任程度，同时也便于训导员了解此犬各方面情况，诸如爱好、性格、特点等。

对工作犬的"纠偏"从某种程度上说也是建立在惩罚的基础上。"纠偏"者所使用的"纠偏"方法，要等待被纠正的工作犬对训导员形成眷恋、信任、尊重，在敬畏"纠偏者"的威严后进行。

性情易冲动、发怒的训导员很容易失去耐性，为工作犬在训练中所犯的小失误发怒，或者对犬只训练过程中的小细节斤斤计较的训导员不仅不适合进行"纠偏"工作，甚至简直就是虐待动物的能手！

承担"纠偏"任务的训导员首先要认识到，工作犬并不是一种可以召之即来挥之即去的供人嬉闹作乐的"伙伴"。其次，训导员需要经常与要训练的工作犬相处，与其沟通交流，要时常温柔的抚摸它，并且单独负责该犬的喂食、调理等工作。训导员最初与要训练的犬相处的几天，如果犬出现不习惯的表现如夜间卧而不睡，训导员需要将自己的衬衣裤、袜子、鞋垫等贴身衣物当成该犬的垫褥，工作犬会经过在夜晚这段较长的时间嗅闻，感受训导员的气味，确立训导员的存在。

即将担任"纠偏"工作的训导员，应着重领会，重复温习本书讲述的章节，深思熟虑，结合个人工作经验以及在工作中所积累的心得经验，整理出"纠偏"方案。

一、胆怯类的犬

鉴识判定：性格胆怯的犬，听到命令，多表现出迟钝、木讷而不愿意服从的样子，该犬如果在命令服从过程中犯了错误而应该受到惩罚的时候一定不肯靠近他的主人，如果主人做出要接触其身体的动作行为时，有些犬会跑的离主人很远的距离坐下，即使用各种口令或手势进行召回命令，它也无动于衷，还有一部分犬一旦知道即将受到谴责，必然转身跑回家中或者跑向远处，甚至游荡于街头巷尾。

解析：此类犬动不动就会遭受主人鞭打之苦，或者驯犬者并没有怀有仁爱之心来训养，未能以善意、正确、良好的方法进行训导，再加上管教无章法等原因。

本书虽然写到一些借助"刺激"的方法对犬给予管制约束的内容，但是，此类方法是着重在一个"轻"字。训导者不能忽略这一重点，何况在进行对训导员各个科目的教学过程中，屡次提醒警告训导员，要镇静，要有耐心，要真正的出自爱心。可是有些训导员却完全将此抛于脑后，往往是在工作犬训练过程中遇到挫折等因为一时冲动任由怒气发泄在所训练的犬身上，并且将自己所犯的训练错误归罪于犬，诸如此类的情况导致受训犬心理紧张、戒备，不能从容放松的学习，从而也无法将每节课的内容牢固的印刻在脑海里。这样一来，完整有序的教学内容被割裂开来，受训犬也因此被促成对训练科目敷衍了事的习惯，表面顺从完成实质奴性的服从。

训练虽然结束，管理同样重要。在喂养管理的过程中导致犬胆怯的毛病是管理者的严重失职。管理者将犬视为卑贱的畜类，随意辱骂或者让犬承受沉重、苛刻的活动量，犬训练表现稍不满意即予打骂等更是大错特错。对于受训犬，切忌随意打骂，当受训犬犯有过错，训导员或者管理员应当静思默想，策划一个稳妥恰当的处理方法，能起到责备和惩罚的效果即可，重要的是引导作用。

"纠偏"方法：一只犬终生在训导员的训育下学习、生活，该犬的性格特性可能会完全的改变，可以说，环境造就一切，训导员决定了受训犬的一切。

"纠偏者"在对受训犬"纠偏"的最初几天，可以用短牵引带犬外出到街市上，左手牵犬，同时右手持该犬畏惧的物品，比如木棍或者鞭子。一边行走一边与受训犬随意和谐的沟通交流，注意不要让右手的物品接触到犬的身体。

从第三天开始，可以通过该犬畏惧的物品轻柔的接触他的身体，逆方向抚擦该犬的背部以及颈项间的毛发。使受训犬渐渐的习惯训导员手中的物品而不再畏惧。

如此反复几星期后，训导员断定自己已得到受训犬完全信任的时候，就可带领受训犬进入训练场地，依法练习随行、前来、坐、卧、衔取等动作。此时需要有绳牵引犬训练，在练习过程中，右手依然要持有它畏惧的物品，但不许使用，在受训犬出现偏差的时候，只能用牵引带微力拉扯，这已经足够对受训犬达到提示和警告的目的，从而服从主人。

一旦受训犬对短索牵引已经掌握，动作表现稳定，此时可以采用长绳牵引进行训练，受训犬如果掌握了动作要领，要及时夸奖，让受训犬感觉到训练在快乐中进行的。当采用无绳牵引训练时，若受训犬出现了违令行为，或者无视口令，此刻切记不能以不正当的方法进行责打，更不能用右手的物品对受训犬进行威吓。正确的方法是训导员在这个时候应该默默的不发一言，转身离开训练场地，置受训犬不顾，受训犬随后会向训导员跑来，训导员应该顺势牵引受训犬亲热的玩耍，决不可进行责罚。稍后回到原处，重新继续之前的训练科目，直到受训犬能够依令而行，熟练掌握才告结束。在重新训练期间，注意要使用短绳牵引。如果当训导员转身离开原处，而受训犬并未追随而来，那么训导员可以坐下等候，倘若训导员能善待犬，不需要大声的叫喊，受训犬此时会追回到训导员身边，于是继续有绳牵引回到原处重新开始练习，切记一定要回到原处。

二、训养过度类的犬

鉴识判定：该类犬神色畏惧、胆怯而缺乏镇定从容，视其形貌，衰弱而无力，常因惧怕而依附于养护人员左右，不能巡猎于较长路途。面无喜色，只有当养护人员在身边的时候，见到陌生人才会吠叫，不敢靠近歹徒，无精打采，总是一副疲惫倦怠的神态。

解析：此乃训练无方，未循序渐进的结果，本次授课没有做到成为下次授课的预备，而是训导员随意颠倒，或是因由训导员对教学进度要求过快或过慢，也可能是源于一天之中再三练习。受训犬年纪幼小，发育不健全即投入训练都可能导致。

"纠偏"方法：培养受训犬建立已经更换训导员，不再是过去的训导者的意识。首先，训导员要调动各种手段、方法让受训犬对自己产生眷恋和信任。其次，训导员要以和蔼、镇定自若的态度与其沟通交流，多进行亲切的谈话，温柔的接触，轻轻的抚摸，给予它美味的食物，频繁的带着受训犬跟随训导员一起出行。

其余的"纠偏"方法就可参照纠正胆怯类犬的方法来进行。这样被纠正的受训犬就能从心理上认同训导员，从生活上习惯训导员，训导员要尝试着激发受训犬竞争上进的意识，将纠正的受训犬与训导员个人训练的其他受训犬同置于一个犬舍，让他们之间相互成为朋友和伙伴，注意观察，当训导员发现被纠正的受训犬将要萌发其自然的天性，或者将发扬进取勇敢之心时，就让它同一只老练成熟的工作犬共同围歼一个"歹徒"。这时，要牵引被纠正的受训犬，当它不断的吠叫，就要立刻对其进行赞赏和夸奖，要细心并努力的引导，在被纠正的受训犬尚不能无绳牵引长久吠叫之前，勿让"歹徒"对其进行恐吓。

第一步完成后，下一步让"歹徒"逃跑，使被纠正的受训犬与老练成熟的工作犬一起进行追捕，逐步的、慢慢的提高难度。一旦观察到被纠正的受训犬表现出畏惧和胆怯之意，就迅速的让成熟老练的工作犬与其同做扑咬、衔取等练习。在训练扑咬时，先用绳索牵引一只成熟老练的工作犬，命令其进行扑咬动作，让被纠偏的工作犬在一旁观看，待被纠偏的犬渐渐萌生仿效之意，可先用一些衔物做练习，等到被纠偏的工作犬练习效果稍有眉目，可渐次进行一些稍难的课目。

注意事项：在这种纠偏的过程中，训导员的耐心是最重要的，在单次的课目中，如果被纠偏的犬效果并不理想，进步并不明显，则训导员一定要秉承"缓步渐行"的原则，这在纠偏进行的过程中是有重要意义的。另外，纠偏者时刻保持着善良、宽容、温存的态度也是至关重要的。如果能做到这一点，纠正此类训练过度类的犬要比胆怯类犬所用的课时要相对短一些。

三、衔取不善类的犬

鉴别判定：该类犬的特点是在衔取过程中并不直向被衔取物前进，而是动作慢悠悠，并不迅速奔出，即使跑到目的物所在，也仅仅是反复玩弄衔取物，就算是衔取到目的物，也是缓步返回，绕着主人兜圈子。需要主人发令，犬才会坐下。未听到口令，就将衔物放下，或是听到了口令，仍然把衔取物叼在口中，并且用力紧咬，必须由主人用力拉出才罢休。

解析：这是由于训练过程中不深入，不完全，以及仅仅是利用了犬喜欢衔咬的习性作为训练基础的原故。

注意事项：这类的受训犬，只是将严肃的训练内容当作是日常玩耍的游戏而已，并未从意识深处理解衔取这个动作的含义是体现着对训导者的服从，并且是它必须完成的任务，执行命令必须完整，不能随意也不能打折扣。

"纠偏"方法：要将此犬看作是从未学习过衔取课的犬。然后依照衔取各课的方法，详细地从头开始练习。

要做好准备，要具有相当大的耐心。要时刻想到被纠偏的犬的坏习惯要逐渐扭转、扫除，绝非短时就能收效。在犬练习时，犬能领会要领，完成任务完满，稳定之后，要表现满意带出高兴的样子来。如果犬在工作中积极肯干，表现十分完美，就要称赞、奖励它。这时纠偏的训练进展可稍加快点。若观察到犬有疏忽不完备之处，就必须镇定，重新耐心开始练习，直到犬完成这一课目完全准确无误再告结束。

要多练习衔取第一课，在各课可以穿插练习。在犬领会掌握了衔取较柔软之物以后，才能与犬练习迅速衔取物品的动作。当犬衔取到物品不能径直返回时，用引绳牵引使其径直迅速返回。要时常进行练习衔取重物。在投放物品与发出"衔"字口令之间要注意停顿间隔，以及"坐"与"放"字口令之间的停顿，从而使犬能够警觉到这一停顿的重要性。

四、见水胆怯类的犬

鉴识判定：此类犬不肯下水，或即便下水却仅在水浅处而已。

解析：天生对水胆怯的犬，或许算得上是"百里挑一"，即使是最优秀的训导员，对此也无能为力。除去天生的原因，其余对水胆怯的犬，全部都是训练无方的结果，一部分是由于犬被强制推下水，一部分是由于犬被强制到水温很低的环境，还有一部分虽然训练上没有错误，却是在恶劣的天气下进行训练，工作完毕后未立即擦干受训犬的身体，致使受训犬忍受痛苦长达数小时之久，如此这般，在受训犬的意识里，凡是与水接触后，多是难忍、厌恶的感觉，于是导致受训犬一见水就心生惧念。

"纠偏"方法：针对此类犬，要想更正其对水的畏惧，总的来说，并不能找到直接有效的办法。如果采取的纠偏方案达到效果，那么训导员所付出的精力换取而来的经验和教训必定是很珍贵的。纠偏训练过程中，要选择温暖的水环境来进行练习，训导员可与被纠偏犬同处水中，直到受训犬感觉到舒适畅快，它才敢去较深水处，其余内容就全部依照游泳课程的训练方法进行。

注意事项：在开始纠偏训练的最初，要经常与受训犬在岸边沟通、嬉戏，不得强迫犬长时间在水中练习。另外，被纠偏犬尚未去除掉对水的胆怯心理，训导员要注意，不得让水点溅到受训犬的身上，这会引起受训犬的反感和紧张。

切勿延长训练课时，达到 10 分钟即可，上岸后，要擦干受训犬的身体，再引领它到另外的地方，与其轻松畅快稍作玩耍，这样有利于训导员进行的纠偏工作。

若使一只动作规范成熟老练的犬先在水中做示范，练习水中衔取动作，然后再让此类犬入水学习，这样犬特有的争胜好强以及妒忌的心理，可促使它忘记往日对水的胆怯而奋发向前。

五、畏惧枪声类的犬

鉴识判定：如在犬的附近射击，该犬就会出现全身战栗、紧缩等症状，在追捕歹徒过程中，一旦听闻枪声，立即反身躲避，甚至找个地方躲起来。

解析：在犬类中，确实存在因为神经系统方面的疾病，以至于畏惧枪声的毛病不能消除恢复。听到枪声就恐惧的犬，多数情况是当犬在集中精力，全神贯注于工作时，"歹徒"在其附近突然射击。或者是由于射击时产生的烟雾进入其眼鼻，致使犬感受到痛楚。

"纠偏"方法：逐步、有梯度的进行，必须要细心留意，谨慎行事。切记在被纠偏犬对枪声的恐惧并未消除前，时刻要有绳牵引。纠偏工作进行地点要选择在附近不间断出现枪击声的地方，训导员应牵引着被纠偏犬，不时的前往射击点附近，随时保持与受训犬平和安稳的谈话。与此同时，训导员要专注受训犬的表现，仔细的审查射击的声波促使犬产生何种反应，如果受训犬闻声而惊，要迅速对它进行安抚，这般练习多次后，受训犬已经基本适应了枪声，训导员即可带领犬靠近距离射击地点 20 步的距离，且避免犬见到开枪的人。若训练地点附近没有射击靶场，则可依照枪声训练课目内容对受训犬进行练习。

注意事项：一定要注意"缓步渐行"的原则，急躁冒进，会使训导员纠偏工作辛苦所做的一切将毁于一旦，纠偏工作也只好就此终止。

六、拗戾违抗类的犬

鉴识判定：此类犬在抓捕歹徒时，动不动就大发狂性，歹徒已经束手就擒，不抵抗也不恐吓，犬仍旧猛力扑击，用力撕咬，甚至将歹徒的衣服全被扯碎，根本无视主人的命令，在跟随押解已被捕的"歹徒"行走时，也时不时的扑击歹徒或者撕咬其腿脚。

解析：这是由于没有依照扑咬课程制定的训练方法来进行教育的结果。由于对犬扑咬的训练过程中，受训犬还未纯熟稳固的掌握训练内容，还未能从意识深处领会寻获到藏匿"歹徒"后该如何对待，如何吠叫，训练内容只是从表面上看完成了。至于追捕"歹徒"的训练课，因为犬前冲扑咬的动作效果不错，训导员就一味地对其进行激励，导致犬尽兴地胡乱扑咬，完全失去了自控能力。受训犬并未学习领会到只是要它控制、防范、抵御罪犯，而不是要置罪犯于死地。而从训导者角度来评价，训导员并没有教育受训犬成为保护自身的锐利武器，而是调教出一条不守规矩、不受控制的狂兽。

"纠偏"方法：如果被纠偏犬犬龄在两岁半以内，尚可纠正其燥野性情（若是过老的犬，可以降格为守夜之用）。与此类犬作随行训练。待可无绳牵引，受训犬可准确、稳定的服从"坐"、"卧"、"立"等动作。方可进行衔取训练，要使受训犬做到听见主人发令后，才能开始动作。并且延长投放物品与发令的间隔时间。受训犬在衔取物品后，若物品在其口内，要多坐片刻，然后再令其放下衔取物。受训犬寻找距离较远的新鲜足迹时，要有绳牵引，对于纠偏的犬，管束要尤为严格，务必使其对于立定不动的人只限于吠叫而已，吠叫时受训犬要距离对方5步之外，这有利于及时管束。

在受训犬能保持吠叫，有绳牵引时也不扑咬的情况下，可以试着允许、鼓动、敦促它靠前，贴身坐好进行吠叫以威慑歹徒。倘若受训犬又重返旧态，狂暴扑咬，这时就用牵引绳控制住受训犬并且命令其卧下，或者使受训犬绕着助训员匍匐约100米左右，助训员此时要静立不动，此后命令受训犬重新坐下并吠叫，这样把匍匐前行作为对犬的警告、惩罚，直到受训犬能完全做到准确无误的完成仅对"歹徒"吠叫威慑而不狂暴扑击，且十分稳定的保持，即可开始与犬进行追扑"歹徒"的扑咬科目的训练，依照教材所示内容，从最初开始再进行学习，就如同该犬从未学习过一样。

在训练过程中，当受训犬向静立不动的罪犯扑击不止，或者不遵从训导员命令，要适度的运用牵引带轻击犬嘴，纠正时所花费的时间精力要比平时正常训练多数倍，对受训犬认真圆满的完成训练任务要及时鼓励奖赏，对受训犬所表现的错误，不要姑息、纵容。当然决不可因一时的冲动，粗暴狂怒的随意惩罚。

在令受训犬追扑逃跑的歹徒时，要在受训犬扑击兴致很高的时候，当即命令它卧下一段时间，以此来学习服从。一定不要中途停止，直到受训犬能够听令即行，绝对服从训导员的命令才告结束。

第二节 不良习惯纠正

一、犬独处室内，喜爱卧在榻、椅、床上

解析：未曾教育犬明白，当主人离开，没有人照管约束时，没有人与它相处玩耍时，该如何保持在它应该停留的位置。

"纠偏"方法：引导犬到指定的位置，发令"卧"，让其卧下，严格约束它坚守在所指定的位置，除非对它进行召唤，犬不得离开此地，犬如果起立，则呵斥它"非"或用牵引绳顿拔它。

最初几天，不要让犬独处室内，待犬理解体会到主人同在室内自己该处位置，主人就可以让犬独处室内，事先在它喜欢卧伏的床榻等处撒上胡椒粉，过一段时间，突然开门进入室内，若犬仍卧在指定位置，就赞扬奖励它，若发现犬已经接触了胡椒粉，就用绳牵引它，并且斥责它"非"，轻轻责打它，引它回犬舍。

如果离开很长时间后，犬仍然能卧在原来位置，应上前对其进行表扬、奖励、爱抚等，让它起立，与它玩耍，过一会再命令犬卧伏于指定位置。照此方法，可在较短时间内帮助犬去掉这种坏习惯。

注意事项：当主人在吃饭时，也不能向卧伏的犬观望，也不能向犬投去食物，应当严格命令它停留在原指定位置。

二、啃咬器物家具以及地毯等物

解析：这是由于管教无方造成的，可能经常让犬在室内自由往来，未

让犬学会室内要停留在主人所指定的位置，或者是经常投给犬只骨头、肉类等食物，犬于是在室内进食，与地毯等物件相接触，而物品、地毯上仍旧保留着食物的气味，犬就会经常嗅闻、舔舐，最后导致犬养成啮咬地毯、毁损物件的坏习惯。

"纠偏"方法：命令犬经常安坐于指定位置，严控它啮咬物品的机会，待犬能够长时间停守在指定位置，即试着给犬以啮咬之物，犬如果重返旧态，啮咬物品，可用适当之物轻击犬口，并斥责"非"，犬若是仍不服从，就让它绕着所啮咬的物品匍匐前行几分钟左右，匍匐完毕后，用牵引带轻责它，同时命令它走到所啮咬的物品前停下，并轻喝"非"，轻击犬，然后命令犬复归原位。也可以将犬所啮咬的物件，在犬卧伏时放在它鼻子前面，命令犬在此物品前卧伏 10 分钟左右，并且不停的伴着"非"的口令斥责它，如犬没有啮咬的意向，即可鼓励表扬，此方法要反复练习。

严苛残酷的惩罚绝不可行，如果能够依照上述办法耐心，镇静的训导教育，已经足够改正犬自身的坏习惯。

三、窃取食物类的犬

解析：犬并未按规定进食，而是动不动就扔给它一块食物，或者是允许犬在主人吃饭时在饭桌前看嘴，或是在厨房里随意扔给犬美味食物。类似种种行为，促成了犬偷吃食物的不良习惯，而犬并没有意识到这是不允许的错误。它时常接受许多人扔给它的食物，已经养成了坏习惯，自己不能自控以致一见到食物即享用，时常趁主人不在的时机，到存放食物处偷食一切可以食用的物品。

"纠偏"方法：这种不良品行，越不及时纠正越是严重，最后甚至会达到它会不顾一切偷食任何东西以饱口福的地步。在未曾彻底去除犬这一恶习之前，不准犬独自在室内、厨房停留。每当用餐时，命令犬坐在它应坐的位置，并不许移动，切忌决不可轻贱、侮辱它。唯一要做的就是严加管束，犬如有起立动作，就斥责"非"，如果犬不听从，就轻轻击打它，强迫它在一处坐下，除正常饭食之外，不得再给它任何食物，喂它饭食要在犬舍内，不得在住室内。

待犬可以初步接受以后，则可在稍远的地方放一块肉食，提醒它"非"，离室而去，随即隐蔽起来悄悄观察它的举动（最好用镜子），犬若起立，则大声呵斥"非"，强迫它坐回原位。如果犬在主人在场时，不敢离位取食，而主人一旦离开，就跑去叼咬食物，应放置它不能一口吞下去的大一点的食物，此时主人已经暗中观察到此情况，当犬在吞咽的时候，可迅速跃入室内，从其口中夺出肉食，斥责"非"，并打击它数下。将肉至于原处，命令犬绕着肉匍匐爬行数分钟，就用以上方法来纠正犬，对其错误行动用引绳来惩罚它。

最后，再让犬坐下，将肉食放在它的附近，离去隐蔽观察，犬如果安静的坐卧不动。则进室内对其夸奖，将肉食撤走，此肉决不可再饲喂之用，这一纠偏方法要时常温习重复，训导纠偏者要以高度的耐心，试验摸索纠正犬坏习惯的方法。

在厨房环境可另用一种方法：将一根腊肠纵向剖开，去除一部分肉，挖出一个凹形槽，把胡椒粉或者其他辛辣之物放进去，恢复成原样，选一位置放在那里，让犬中这个"圈套"。

至于喜欢偷吃蛋类的犬，只有一种能够迅速纠正过来的方法，找一个空的蛋壳，里面填入芥末等辛辣物，用米粉封堵好，放置在犬习惯于偷取的地方，当犬到此偷食，见到蛋类自然兴奋，一定会咬破吞食，在隐蔽处观察发现它受到刺激性味道猛打喷嚏时，迅速入室，牵引它并斥责"非"，轻轻击打它，命令它匍匐爬行一会，这种方法被纠偏的犬一旦入了圈套，以后再也不敢偷食犯错。

四、喜欢追捕鸟禽猫等小兽类的犬

喜欢追捕鸟禽类犬：

首先在犬能够稳定掌握各种基础科目以后，可用绳牵引，将一只罩在笼子里的鸡放置在它面前，引犬靠近，犬见到鸡就会兴奋激动，此刻要用低沉缓慢的声调斥责它"非"，犬若是仍旧兴奋不已，就发"卧"让犬下卧，绕着前面的鸡笼匍匐几分钟。温习这一课，犬若见到鸡仍不镇静，就延长匍匐时间。

将一只已宰杀的小鸡放在犬面前，警告它"非"，轻击犬的口部，然后不用牵引绳，带领犬走到鸡的旁边，犬如果急切吠叫，则牵引它，轻击几下，命令它绕鸡匍匐。然后，让犬独自与一罩笼的鸡在院子里，主人在隐蔽处观察，犬如果要向前扑咬，就迅速近前轻击它，命其匍匐，再牵引它至训练场地，惩罚它受训服从科目，然后再引犬回到院中，将牵引绳放在它面前。而主人赶着一只鸡来到院中，随后暗中观察，犬若起立朝鸡的方向扑去，就按照之前的方法责罚它，即使犬并非存心故意，而是在兴奋冲动的时候将鸡咬死，也要斥责"非"，令其卧下，令它向死鸡匍匐，主人则用鸡爪子击犬的鼻子，并同时连发"非"的口令训责它，再将鸡放回原处，令犬向放鸡处匍匐到鸡旁边停止，再次执着鸡轻击其口部，此方法练习15分钟。

然后连续两天，仍在原地重复上述方法每次30分钟练习时间。切记当受训犬在训练纠正时表现出色莫要及时表扬鼓励，而训导者则要耐心镇定，不可叫喊，不可怒责受训犬，愤慨和激动地情绪对受训犬都是一种伤害。

追猫类的犬：

工作犬与准备服役的犬，不应该出现与猫周旋、接触的情况，无论怎样，务必要使工作犬意识到这一点，犬的这种好品质，需要等到犬已经能够做到完全服从后，才能进行训导培养。

其纠偏办法基本依照上节纠正追捕禽类犬只的方法与犬练习，但是要注意，不能适得其反，导致猫反而可任意骚扰或抓挠工作犬的地步。在这个年龄段的犬还是有柔善心的，如果再辅导得稍微细致，运用得法的训导方法，或许纠偏的效果相对会比较完美。

如果犬追逐一只伏在墙上或树上的猫，就命令在该处就地下卧。用绳牵引它，轻轻击打以斥责，并让它绕着这个地方匍匐几分钟，再令其返回原地，斥责它"非"以作惩戒，当然疾言厉色在纠偏的过程中是不可取的。

追逐小兽类的犬：

犬如果见到被宰杀后的小兔子等小动物出现特别兴奋激动地情绪，要以"非"对其进行呵斥。这样温习半小时，隔5分钟一次。将兔子放在院子里，引领受训犬前来，斥责、警示"非"，如果受训犬不甘心被绳索束缚，总有扑击兔子的冲动，就拿着兔子敲击它的口部。斥责"非"，然后将兔子拿走。第二天继续训导，待受训犬安静下来后命令其卧下，放下手中的牵引绳摆在犬面前。在距离受训犬头部2步距离的位置放置兔子，随即离开，仍旧隐蔽观察，若犬起立，就快速跑上前牵引它，命令它匍匐一刻钟，用引绳轻击它，斥责"非"。

注意，一定不要等到受训犬接触到兔子之后再去制止，应在犬刚一起立，未接触到兔子之际斥责它，也不允许将未煮熟的动物内脏等喂给犬只使用。

如果犬在平常散步时，或在出勤工作时，发现了其他动物的足迹，并且随足迹而追踪过去，就立即召唤它返回，如果犬停止追踪兽迹，就停在原地待犬返回后牵引它，引到野兽躲藏的地方，在该处令犬卧下，斥责"非"，轻轻击打，使犬绕着此地匍匐50米左右。要注意依法练习，在犬训练表现不好时，可用绳索作为辅助手段，但是对不可鞭打受训犬，只可轻击。

开始阶段，可以有绳牵引，如能找到活着或死了的小兽，则指点着小兽对受训犬警告斥责"非"，这样即使是生性非常喜欢追踪寻猎的犬，也能经过训导纠正也可变的驯良顺从。

比赛规则程序

第一节 中国工作犬管理协会服从比赛规则

服从训练比赛共分为八个科目,依顺序排列进行。

比赛前,参赛者应向裁判员报告参赛号、犬名,经裁判员审核后无误后开始。

一、变速转向随行

口令:"靠","坐"。

程序:在无牵引状态下,延摇把形45米(15+15+15米)。从基本姿势(左侧坐)起步,以常步前行15米,右转跑步前进25米(途中左转一次),转常步前行至30米处,向后转,慢步前行15米,右转后常步返回起点(途中左转一次)。

要求:

1、变速时中间必须没有过渡步,不同的行进速度区分明显。

2、只能在起步、转向、变速及结束时发出一次口令,重复者将被扣分。

3、随行中,犬应处于愉快自然状态,其肩胛部靠近参赛选手的左腿,偏高,超前、落后以及表现被动都将被扣分。

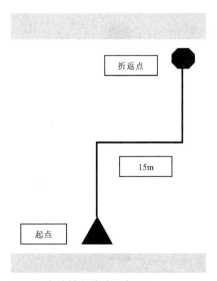

折返点

15m

起点

图1、变速转向线路示意图

二、随行中卧与站立

口令："靠","卧","立"。

程序：在无牵引状态下，延直线路线正常步伐随行30米。从基本姿势（左侧坐）起步，前行10米处令犬卧下，参赛者继续前进，至20米处停住转身面向犬，接到裁判的指令后，回到犬的右侧指挥犬继续随行。行至20米令犬站立，参赛者继续前进，至30米处停住转身面向犬，接到裁判的指令后，参赛者到回犬的右侧指挥犬继续随行至30米处向后转，左侧坐。

要求：

1、只能在起步、令犬卧或站立及结束时发出一次口令，重复者将被扣分。

2、参赛下达卧与站立口令后，应继续前进，不得停下或回头观望犬。

3、随行中，犬应处于愉快自然状态，其肩胛部靠近参赛选手的左腿，偏离、超前、落后以及表现被动都将失分。

4、如犬不能根据口令做出相应动作，或动作迟缓，都将被扣分。

三、随行中坐、吠叫与前来

口令："靠","卧","来"。

程序：在无牵引状态下，延直线路线正常步伐随行30米。从基本

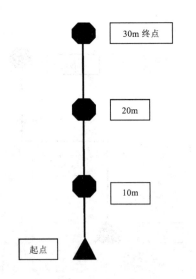

图2、随行中卧与站立线路示意图

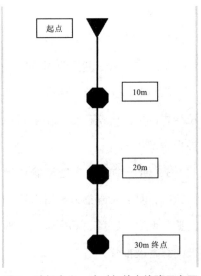

图3、随行中坐、吠叫与前来线路示意图

姿势（左侧坐）起步，前行 10 米处令犬坐下，参赛者继续前进，至 20 米处停住转身面向犬，接到裁判员指令后令犬吠叫，完成后令犬前来，犬回到参赛者左侧坐，向后转，常步继续前进至起点处左坐结束。

要求：

1、只能在起步、令犬坐、吠叫、前来及结束时发出一次口令，重复者将被扣分。

2、吠叫中只张嘴无声或叫声微弱，将被扣分。

3、随行中，犬应处于愉快自然状态，其肩胛部靠近参赛选手的左腿，偏离、超前、落后以及表现被动都将失分。

4、如犬不能根据口令做出相应动作，或动作迟缓，都将被扣分。

四、穿越人群及枪声反应

口令：靠，坐。

程序：由间距 5 米、缓慢活动的 4 名助训员组成人群，参赛者带犬随行进入人群并绕行每个人一周，绕行第 2 人后在与第 3 人之间停留一次（左

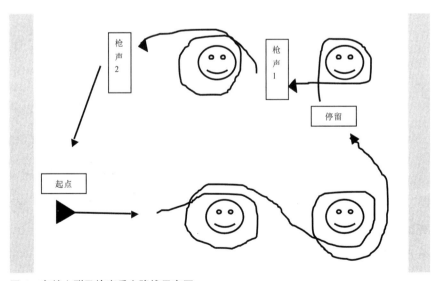

图 4、穿越人群及枪声反应路线示意图

侧坐），此时人群停止走动。继续绕行至第3与第4名助训员间及离开最后一名助训员时，距犬10米以远各鸣枪1次，参赛者带犬继续随行返回起点，以基本姿势左侧坐结束。

要求：

1、犬应对人群及枪声无异常反应，如表现有攻击或被动反应，或对枪声表现出惊吓或恐惧行为，将被扣分直至无分。

2、随行中，犬应处于自然状态，其肩胛部靠近参赛选手的左腿，偏离、超前、落后以及表现被动都将失分。

5、平面衔取

口令：衔，来。

程序：犬保持左侧坐基本姿势，参赛者木哑铃抛至指定区域（约8米处）。物品停稳后，参赛者指挥犬前去衔取，犬迅速衔回并在参赛者正面坐下。稍做停顿，按照裁判的指令，参赛者指挥犬吐出物品至手上，令犬左侧归位。

要求：

1、整个过程中，参赛者不得离开自己的位置。如抛出的物品偏离指定位置，经裁判员同意，可再抛一次。

2、犬往返缓慢、物品掉落、玩咬物品及离开赛场都将被扣分。

6、跳跃障碍衔取

口令：跳，衔，来。

（一）跳跃跳高架衔取

跳高架高度1米，上置活动横杆。

（二）跳跃板墙衔取

板墙高度为1.8米，木板结构。

程序：参赛者带犬至障碍前规定区域，令犬保持左侧坐，将衔取物品抛过障碍物。当衔取物品停稳，令犬越过障碍物衔取物品后，回跳返回参赛者正面坐下。稍做停顿，按照裁判的指令，参赛者指挥犬吐出物品至手上，令犬左侧归位。

要求：

1、整个过程中，参赛者不得离开自己的位置。如抛出的物品偏离指定位置，经裁判员同意，可再抛一次。

2、犬往返缓慢、物品掉落、玩咬物品及离开赛场都将被扣分。

3、每项跳跃最多有三次机会，如均未越过，该科目无分。

7、前进与卧下。

口令：去（前进），卧，坐。

程序：参赛者以正常步伐带犬至指定位置，指挥犬前进，参赛者停留在原位。犬前进至 20m 规定区域处，参赛者指挥犬卧下，按照裁判员的指令，走至犬的右侧，令犬左侧归位。

要求：

1、整个过程中，参赛者不得离开自己的位置。

2、犬应前进迅速方向准确，如出现行进缓慢、偏出规定区域等现象都要扣分。如前进不足规定距离的一半，该科目无分。

8、诱惑状态下卧延缓。

口令：卧。

程序：在下一头犬比赛前，参赛者带犬到达指定的地点，令犬卧下并保持延缓状态。参赛者离开至 30m 处指定区域背对犬静立。至另一头犬进行至第六项科目时，根据裁判员指令回到犬右侧，令犬左侧归位结束。

要求：

1、在未接到裁判员指令前，犬应始终保持卧延缓状态。如出现站立、坐起、移动等现象都将被扣分。如超出规定的 3m 范围，该科目将无分。

2、犬延缓过程中，参赛者不得转头观望或发出指挥信号。

服从比赛总要求：

1、各项均以基本姿势（犬左侧坐）开始和结束。

2、参赛者指挥犬比赛中，口令与手势可同时使用，使用正确口令以外的如呼唤犬名、口哨或其他声音，均视为口令指挥一次。

3、指挥应做到一令一动。每个动作最多指挥三次，重复指挥将酌情扣分，三次指挥后仍未作出动作，该动作为零分。

4、参赛者在指挥中应严格按照规范指挥，不得以其他非正规动作如肢体语言进行变相指挥，否则每次均以指挥一次计算。

5、参赛犬注意力不集中、表现被动或不兴奋等行为都将酌情扣分。

6、比赛中，如出现参赛犬排便现象，均在总分中扣除 5 分。

7、比赛中，如出现参赛犬至比赛区域外，该科目中扣除 5 分，如三次不能唤回，该科目为零分。

8、如有参赛者有不尊重裁判员言行，或参赛犬有攻击他人或犬的行为，裁判员可立即取消该犬比赛资格。

第二节　国际工作犬服从科目比赛规则

一、卧待延缓

口令：卧。

程序：训导员令犬随行进入比赛区域，随行到犬等待区令犬卧下延缓，训导员继续向前行走，来到等待区，背对着犬站好等待裁判命令。等到前面参赛人员比赛结束后，听到裁判命令后，转身来到犬的右侧站好，命令犬"坐"，再发"靠"的口令，令犬随行进入下一项。

二、枪声

口令：靠。

程序：训导员令犬随行到比赛起点，令犬坐等待裁判命令，裁判发"开始"后方可进入比赛。训导员听到命令后发"靠"的口令，令犬随行，随行中有两声枪声，直行到 45 米终点处向后，转顺原路返回。

三、随行中变换步伐，做左转、右转、向后转和穿人桩

返回途中先以平常步伐令犬随行 10 米，变成跑步令犬随行 10 米，再变换成慢步随行 10 米，然后以正常步随行到起点。

到达起点右转随行 10 米，再一右转随行 15 米向后转，转过身后令犬随行 10 步令犬坐下，3 秒后令犬随行 10 步左转回到起点。

从起点出发向人桩方向令犬随行穿过人桩，人桩是自然走动着。当人桩停止时，令犬靠在其中一个人傍边令犬坐下，犬左侧是人桩，右侧是训导员，3 秒后令犬随行到起点等待下一环节的比赛。

四、随行中做甩坐、甩卧、甩立和前来

口令：坐、卧、来。

程序：裁判示意开始后方可进入比赛场，训导员以平常步伐令随行 10 步后，令犬坐，甩下犬训导员继续向前走来到终点转身向后转面向犬站好，3 秒后，返回犬身边的右侧站好，做向后转令犬随行回到起点。

训导员与犬回到起点向后转面向终点令犬坐好，坐定后令犬随行以平常步随行 10 步后，变跑步随行，跑步随行 10 步令犬甩卧，训导员继续向前跑，跑到终点向后转面向犬站好，3 秒后令犬前来，犬来到主人面前坐下，三秒后训导员下令"靠"令犬靠在训导员左侧坐好，等裁判下命令后再继续比赛。

训导员听到裁判下令后，以平常步随行 10 步令犬甩立，继续以平常步前进来到起点转身面向犬站好。立中听裁判的指令后，方可回到犬的右侧，令犬坐下。

令犬跑步随行，跑 10 步后令犬甩立，训导员继续向前跑，跑到起点转身面向犬站好，3 秒后令犬前来，犬来到训导员面前面对坐好，坐定后发"靠"的口令，令犬靠在训导员左侧坐好，等待下一项比赛。

五、平面衔取哑铃

口令：衔。

程序：从起点开始令犬随行，随行到放哑铃架的地方，取一大哑铃，再随行到一平坦的地方令犬坐下等待裁判下令开始。得到命令后，把哑铃投向正前方 10 米左右的地方，3 秒后令犬前去衔取，犬衔取哑铃后要迅速返回，面对训导员坐好。犬坐定后训导员双手接过哑铃，再换成右手拿哑铃，3 秒后，令犬靠在训导员左侧坐好。然后令犬再度随行到哑铃架旁边，把大哑铃放回原处，再从架子上取一个小哑铃。

六、跳越栅栏衔取

口令：跳。

程序：取到小哑铃拿在右手里，令犬随行到栅栏前 3 米处停下面对栅栏令犬坐好。犬坐定后，把手里的哑铃投过栅栏，哑铃落地后再令犬前去衔取。犬得令后要越过栅栏衔住哑铃，再顺原路返回，返回时还要再跳越栅栏回来，不可绕行。犬衔取回来要面对训导员坐好，训导员等犬坐定后，发"吐"的口令，犬听到命令方可张口。训导员双手接过哑铃，再换成右手持哑铃，并发"靠"命令，犬靠在训导员左侧坐好。

五、通过人字板墙

口令：跳。

程序：训导员令犬随行来到人字板墙前，面对板墙 3 米的距离站好令犬坐下。把右手里的哑铃投过人字板墙正前方，待哑铃落地后，发"跳"的口令。犬从人字板墙上通过，衔取哑铃要顺原路返回，不可绕行。犬衔取回来面对训导员坐好，训导员双手接住哑铃发"吐"的口令，令犬把哑铃吐到自己手里。双手接过哑铃换成右手持哑铃，再发靠的口令，令犬靠在训导员的左侧坐好。然后，再令犬随行到哑铃架旁，把哑铃放回原处。

六、前进

口令：前进。

程序：训导员把哑铃放回后，令犬随行到起点，命令犬坐，等候指令。听到裁判命令，令犬随行，随行到10步左右发"前进"的口令。犬前进到40米左右时发"卧"的口令，犬听到命令转身面向训导员卧下。待犬卧下后，用平常的步伐来到犬的右侧站好，命令犬坐，然后等待裁判的评判。

七、搜掩体

口令：搜。

程序：训导员令犬随行到搜索场地，站在起点面向前方，令犬侧坐在训导员的左边，等待裁判的命令。

听到裁判开始的命令后，训导员发"搜"的口令同时伸出右手向右边的1号掩体方向一挥，令犬前去搜索。犬出发后训导员向前直行，当犬绕过1号掩体时，伸出左手向左边的2号掩体方向一挥，令犬前去搜索。按照以上方法，当犬搜索并绕过掩体再挥手令犬搜索下一目标。犬搜索到6号掩体时，发现掩体内有人藏匿要坐下吠叫报警，这时裁判走上前查看，并命令训导员前来，得到命令方可过去。

搜掩体。

训导员来到裁判身边站好，裁判离开后下令"来"，令犬前来并靠在训导员的左侧坐好。训导员命令藏匿在掩体内的助训员离开掩体，助训员离开掩体向场内走 10 步后背对着犬停下站好，训导员令犬随行离助训员 5 步远下令让犬卧下，然后上前去搜助训员的身体，搜完之后回到掩体里面观察犬。

助训员看到训导员回到掩体内后开始逃跑，犬看到助训员逃跑要自动进行扑咬，助训员被咬后拖拉犬向前跑 5~6 步后停下转身把犬拉在胸前站好。犬看到助训员停止反抗，要自动放口坐下来进行吠叫报警。助训员见犬放开自己坐下吠叫转身逃跑，犬见胜利物品逃跑要进行二次扑咬，扑咬 5 秒后助训员停止反抗，犬会再次坐下进行吠叫报警。

训导员听到吠叫应马上来到犬的右侧站好，命令助训员前面开路，训导员和犬在后面押解。押解一段距离后，助训员突然转身向犬攻击，犬第三次进行扑咬，接下来停止攻击，犬坐下吠叫，训导员走到犬身边命令助训员后退两步，再命令犬卧下警戒。然后，去搜助训员收缴武器就是打狗棒，回到犬身边令犬随行来到助训员的右侧站好，训导员和助训员把犬夹在中间，命令助训员向裁判方向走。要并肩前进，直接押解到裁判面前把打狗棒交到裁判手里，令犬随行离开，比赛结束。听候评判。

八、扑咬

口令：袭。

程序：训导员令犬随行到起点。听到裁判的命令后发"袭"的口令，令犬前去扑咬，进行远程扑咬。

犬扑咬助训员的手臂，助训员用打狗棒击打犬体 2~3 下后，停止击打，面对犬站好。犬见助训员停止不动，要主动坐下吠叫报警，然后，助训员再次击犬，犬见助训员攻击自己应立即进行二次扑咬。

二次扑咬时，助训员击犬 5~6 次，停止击打面对犬站好。犬看到助训员的停止攻击要主动放口、坐下，吠叫报警。训导员经裁判员的准许方可来到犬身边，站在犬的右侧命令助训员退后 5 步，再令犬卧下。然后，上前搜身收缴打狗棒，再回到犬的右侧，令犬坐，发"靠"的口令，令犬随行到助训员的右侧，待犬坐下后命令助训员向裁判员方向走，押解到裁判员面前，把打狗棒交到裁判的手里，经裁判的准许，令犬随行离开比赛场地。

德国牧羊犬的鉴识与评论

第一节 德国牧羊犬的鉴识法

德国牧羊犬系中型犬中体型较大的。

身体强健，多肌肉，活泼又警觉，其谨慎锐利的知觉是其他犬比不上的。此犬身材大小，根据其产地而不同，平均公犬肩高 55~60 厘米，母犬 50~55 厘米，体重约为 25 公斤 ~35 公斤。德牧具有优异的天然美德，警觉、忠诚、廉洁、锐利、是训导者的上选，而成为我们具有高度警惕性的好伙伴。要养育巩固德牧美好的品性，而不可损伤它，影响它发挥应有的效用。

一、头

头与其身材大小相称，比例匀称，无粗鲁的神态，轮廓分明，有令人畏惧的神态。各部位要干燥，两耳间要开阔。前额略有弓形，无皱纹。两颊向两旁渐下，成圆势，不要向前突出。

头上部到鼻子处要干燥，成一斜面；额部不能呈现三角形。

口要强而有力，齿须坚硬，紧咬时状若利剪，无重叠。

鼻梁宜直，与前额延长线相合。

耳的大小要适中，耳根要开阔、高耸挺拔，有直立之势，耳端尖而朝向前方。训教时，犬耳直立是必须的。耳短、耳过高大、耳后背又下垂的犬应该淘汰。

德牧在生后 1 个月耳就有耸直而立的，也有在 4~6 个月才立，这与犬饲养换牙有很大关系。

眼的大小，也要适中，呈扁桃形，有斜势，但不要前突，应选取目色深的，眼有光，活泼伶俐，有不轻信外人的神色。

二、颈

强健而多肌肉，长短适中，没有下垂松软的皮肉，遇到外界刺激时，颈即高扬、直伸。

三、身

胸宜深厚，但不要过于宽阔，肋宜扁平。腹部上缩，背部要直，平而多力。身长要稍超过肩的高度。背短、过长、凹背、驼背的犬要淘汰。

德牧不应该有衰弱畏缩之气。后足弯曲部分的角度须妥帖恰当，这样才宜于在旷野上执行任务。腰部应宽而有力、尻部长，有利于下坐。

四、尾

毛多，呈蓬松下垂状；直到膝盖骨的末端，安静时，其尾部下垂成弓形。受刺激及运动时，更增大了弯度而高举。但高举时，不应出现竖直过度的样子，其尾部不能贴靠后背，或者直竖、卷弯。

也有天生短尾的，或过长到地面，此犬不适宜教养。人为截断的短尾，应废弃。

五、前足

修长而倾斜，扁且多肌肉遮盖，下腿宜直。

六、后足

后腿要阔而多有力的肌肉，上腿宜稍长些，上腿与下腿相接时要有斜角。还要有强健坚固的关节。

七、掌

短而圆，连接紧密，带有弯度。掌底坚硬，爪短而有力，色彩上要优选颜色较深的。

有一些犬，后足多长成狼爪的，上边有双趾，这并不是犬的缺点。但也不是犬宜具有的，因为行走时常损伤犬的后足，应在幼小时割去。

八、颜色

有黑色、铁灰色、土黄色、火黄色、粟色等纯一色的，也有大多部份是锈色而夹有白灰色斑点的，还有全身白色，或是白色中带有片状深色（蓝色、淡红色），白色中起深色的雲片（灰地黑色或浅棕色地加黄色）而带有斑点的称为狼色。

头胸足部等处有些犬有白。除黑犬外，都会有浅淡之色，幼犬的颜色，须等到外毛长全后，方可断定。

九、毛发

每根毛发要直而粗，紧贴于身体。头部，耳朵黑足与掌都有短毛覆盖，颈部，尾部后上肢的毛稍长，也较多。全身毛发要遮盖整齐。

在一百年前德国牧羊犬的毛发分下述三种：

1、粗毛德牧：外边的毛厚，每根毛发又直又粗，紧贴于身体。头部、耳朵里、足的前边，掌与足趾都有短毛复盖，颈部的毛较长也很多。足后面的毛也较长，长到膝盖骨而止。后腿的毛遮盖齐整。毛有长短，孰优孰劣，不可一概而论。

粗毛犬，一般而言，其背部的毛应长约4至6厘米，如此处的毛长短不一，说明该犬血统不纯。

还有一种，外毛较长的犬，其贴近皮肤的毛较少，以致时常有泥渣、雪块等物粘附其上，阻碍犬进行工作。所以长毛也好短毛也罢，应选择长短适中者为妥。

2、毛糙而发如细线的德牧：这种犬发现的较少，虽有之，也不是特征非常典型的。大多是其毛比粗毛的要短，在粗毛犬长有短毛的地方，如颈、足等处，长着细线状的毛遮盖着。而眼部、嘴唇等部位亦是如此。这种犬的毛坚实粗硬尾部与粗毛犬一样没有长毛。口宽阔而强健。

3、硬毛德牧：这种犬也不常有，在德国南部地区还较多见到。

一般认为，这种犬是做为家畜时与粗毛犬交配而成，故无所谓纯种。这类犬属杂种犬，是一种古德意志牧羊犬。毛发紧密而蜷曲，摸时感觉很粗糙，头部没什么毛，眼的一部分被毛所遮盖，向两侧及口唇之处延伸，呈髯髭形状。

其掌生有长毛，尾部也生着蓬松的长毛，在德国南部，其耳部多有下垂的，而在北部一些地区其耳大多直立的。这种犬都是白色。

十、缺点

凡属降低、减少犬的作用、效力的，都属于缺点。最该注意的是高脚、短背、或背过长的犬；

身躯过于轻，或是过于笨拙，背松软，四肢梗直，出行走步，步态轻浮，毛发短而软，没有肤毛；

头骷粗笨，口短钝、而无力，齿前突或后缩，或有崩裂不齐；以及掌足多长毛，（不包括硬毛犬），耳部下垂，（硬毛古德牧犬不在此列），尾部卷曲成环形，姿势没规矩，无气势，短耳或过于厚大，过长过短的尾。

第二节　德国牧羊犬的评论

一、耳姿

1. 直立的耳：要耸起直立，不向两侧倾斜。

静止或运动时，其耳也时常向后，警觉的犬，其耳非常敏锐，时而转向发声之处。

2. 下翻之耳：当静止时向后或者是直立。

有时略微向前或者向发声之处。下翻耳依程度又可分微翻、适中翻及多翻。

3. 下垂的耳：其耳向两旁下垂。

这是因为被咬伤或受其他伤害造成的，有永远成为下翻，下垂耳的可能，尽管先前是直立的。所以犬耳受伤病，要小心包扎敷药，最好由经验丰富的老手为其包扎。

二、犬后立姿

后足勿直立地面，而应有向后的倾斜角度。如果不能形成这种姿势，那行走时就有疏懒松垮的毛病。如果其后足弯曲的角度很妥当，下腿又呈长剑形，这是犬行走迅速的标志，与这个相反的，是下堕的一种姿势—后足长得过于靠前，这使犬的前行能力受到阻碍。

三、尾姿

1. 钩形尾；此因，其最末端的尾椎骨过短，遂使附着其上的肌肉也过短，故将其尾牵缩成钩形。

2. 尾端卷拢者；其末端的尾椎骨更短，逐使肌肉也更少，于是将其尾向上收卷。成一环形。此类犬大都长有过长的尾巴。

3. 环形尾；尾部卷成螺旋形，大都是高举着，附靠于后背。

四、剑形足

这是因弯曲过度所致。如果距骨也较长，则对于前行运动十分有利。但要注意，膝骨关节处的角度不要过钝，角度过于钝直时，对于下腿的遮挡保护不利，而且在行走时也不够自然。剑形足的犬，当其后足伸出时，容易前后掌相遇。

五、肩部

1. 松软的肩，身与肩没有紧接之势，这只要将犬的足膝外翻就能观察到，如有其他缺欠，也可如此检验。

幼犬的肩部多是松软的，因为它的肌肉还较为柔弱。日后饲喂合宜，不要过于劳累，就能使其肩部渐渐紧实起来。

2. 相连的肩，这是因为肌肉不充足，位置过于平直造成的。这能使肩部的作用力减少，从而削弱前足的运动力量。

3. 前突或后缩的肩，肩部过于突前或后缩太过，都能影响犬的行走能力。

六、凹形背

下弯呈凹形的背，这是因为背长而肩胛过低造成的。这将减弱犬得耐久能力，这种毛病随年龄增大而日渐严重。对于母犬多胎生子者，尤其明显，幼犬中食量较大，但消化不良，或饲喂食物缺乏营养，都容易发生这一弊病。

七、前后足直立姿

前足姿势见第一第二图，

肩胛骨与上臂骨相接的角度，越尖越好，不宜出现钝角。角度越尖锐，犬在行走运动时越觉自由爽利。

第一图：是肩胛骨与上臂骨在犬直立时的连接形式，

图中，自 B1 到 A1 的步长，比 B2 到 A2 的步长要小。其中 B2—A2 为己发育成熟，足型优良的犬的步幅。其肩胛骨与上臂骨相交的角，明显比 B1 至 A1 的交角要小。这一角度之小，之锐。将使肩胛的延长线越长，

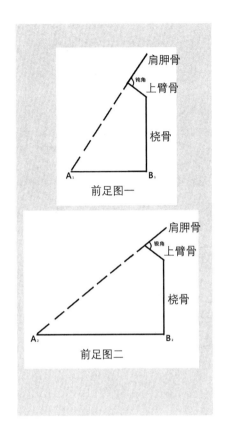

前足图一

前足图二

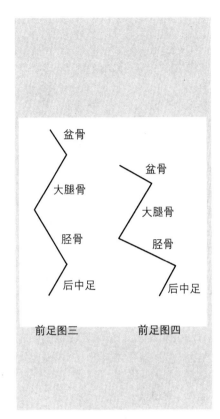

前足图三　　前足图四

当然也形成长的肩胛骨。肩胛骨长，也就多长有有力的肌肉。而前足在行走时，每一步的步幅，也就越大，这就使得犬在前行时速度快捷，而步数却少。步数小，则其肌肉的工作量也就少，于是，这样的犬得耐久力就会逐渐增大。

后足的姿势，见第三与第四图

后足的盆骨、大腿骨、胫滑也都是以长为好。

至于腕骨，膝骨，距骨各个关节处，其相交角度也是越少钝角为好。只有这样，犬的后腿才能够伸曲自如，旋转便利，而犬的体力也得以耐久。

第三图，是后足直立的简单示意图。

第四图，是后足格局，角度理想状态时的示意图。骨长，于倾斜中直立，而且呈显出剑形的骨骼。

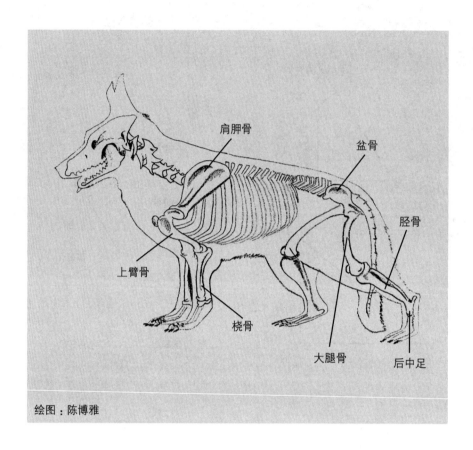

绘图：陈博雅

由图示可知，腿骨交连处的角度姿势，则犬在跑跳落地时的弹力，伸缩力越大，其骨关节处也不容易受损伤，于是增强了犬在运动时的耐久力。

第三节　德国牧羊犬的妊娠情况

牝犬妊娠期共计 63 天，妊娠终期前 6 天进入预产期，幼犬的胞衣随着出生同胎直接落地。

健康的幼犬其体温度为 37.5° 至 39° ，心跳为 70 ～ 120 次，运动及热度能够增加犬的呼吸和心跳次数。

幼犬出生第 12 天开始睁眼，23 天长牙，到 135 天左右换牙。

牝犬姙娠表（姙娠期共九周）

交配时期		预测姙娠终期		交配时期		预测姙娠终期	
一月	1号	三月	5号	七月	1号	九月	2号
	5号		9号		5号		6号
	10号		14号		10号		11号
	15号		19号		15号		16号
	20号		24号		20号		21号
	25号		29号		25号		26号
	30号	四月	3号		30号	十月	1号
二月	1号		5号	八月	1号		3号
	5号		9号		5号		7号
	10号		14号		10号		12号
	15号		19号		15号		17号
	20号		24号		20号		22号
	25号		29号		25号		27号
	28号	五月	2号		30号	十一月	1号
三月	1号		3号	九月	1号		3号
	5号		7号		5号		7号
	10号		12号		10号		12号
	15号		17号		15号		17号
	20号		22号		20号		22号
	25号		27号		25号		27号
	30号	六月	1号		30号	十二月	2号
四月	1号		3号	十月	1号		3号
	5号		7号		5号		7号
	10号		12号		10号		12号
	15号		17号		15号		17号
	20号		22号		20号		22号
	25号		27号		25号		27号
	30号	七月	2号		30号	一月	1号
五月	1号		3号	十一月	1号		3号
	5号		7号		5号		7号
	10号		12号		10号		12号
	15号		17号		15号		17号
	20号		22号		20号		22号
	25号		27号		25号		27号
	30号	八月	1号		30号	二月	1号
六月	1号		3号	十二月	1号		2号
	5号		7号		5号		6号
	10号		12号		10号		11号
	15号		17号		15号		16号
	20号		22号		20号		21号
	25号		27号		25号		26号
	30号	九月	1号		30号	三月	3号

剧本《狗祖盘瓠》

昔高辛氏有犬戎之寇，而征伐不克。乃访募天下，有能得犬戎之将吴将军头者，购黄金千镒，邑万家，又妻以少女。时帝有畜狗，其毛五采，名曰槃瓠。下令之后，槃瓠遂衔人头造阙下，群臣怪而诊之，乃吴将军首也。帝大喜，而计槃瓠不可妻之以女，又无封爵之道，议欲有报而未知所宜。女闻之，以为帝皇下令，不可违信，因请行。帝不得已，乃以女配槃瓠。槃瓠得女，负而走入南山，止石室中。所处险绝，人迹不至。于是女解去衣裳，为仆鉴之结，著独力之衣。帝悲思之，遣使寻求，辄遇风雨震晦，使者不得进。经三年，生子一十二人，六男六女。槃瓠死后，因自相夫妻。织绩木皮，染以草实，好五色衣服，制裁皆有尾形。其母后归，以状白帝，于是使迎致诸子。衣裳班兰，语言侏离，好入山壑，不乐平旷。帝顺其意，赐以名山广泽。其后滋蔓，号曰蛮夷。

——《后汉书》卷八十六南蛮西南夷列传七十六

一

一个早晨，王室大门前的两个守卫相互打了个哈气，聊起天来。

守卫甲："听说又打仗了。"

守卫乙："是啊是啊。"

守卫甲："这回是跟哪啊？"

守卫乙："犬戎。"

守卫甲："打得过吗？"

守卫乙："我觉得打不过。他们都不是人，是畜生，是禽兽。我听人家说，他们，住在大野地里、山洞里，哥哥和妹妹生私孩子，搞弟媳妇、偷小叔子。"

守卫甲："畜生畜生，这还叫人吗，把它们全杀光全杀光！"

这时候，一个青年人走到了王室大门前。

巫史嘘："你们干什么呢！你们干什么呢！"

守卫甲："巫史大人！"

守卫乙："巫史大人！"

巫史嘘："你们负责守卫王室大门，那么责任重大的职位，竟然大清早上就聊天，不知道现在有战事吗，信不信我告诉你们队长去。"

守卫甲："别别别，我们下次不敢了。来来来，我给您开门，帝君正等着您呢吧，您慢走。"

守卫乙："……"

巫史嘘走进了王室大门。

守卫乙："什么玩意儿！"

守卫甲："你说战事起了，跟咱哥俩有啥关系，犬戎再强，还真能打到咱们这来？"

守卫乙："打不到，多远呢，咱们也过不去，它们也过不来，最多打不过人家就撤兵呗。"

守卫甲："那他今儿这气性怎么这么大啊。"

守卫乙："这你又不知道了吧。失恋啦，不对，他就没恋过。"

守卫甲："你这说谁呢？他和帝女？"

守卫乙："对啊，他追帝女多少日子了，要成早成了，这女人啊，你磨的越长越没戏。"

守卫甲："会吗，我怎么觉得咱们帝君挺喜欢他的。"

守卫乙："那也没用，帝女是帝喾爷最疼爱的小女儿，她不乐意，帝喾爷再中意他，这事也成不了。再说了，这小子想两头都占着，怎么可能嘛。"

守卫甲："什么意思？"

守卫乙："他呀，一边讨好帝子挚，一边又想娶帝女，帝女的亲哥哥放勋和挚争宠争得这样厉害，你没看出来吗，帝喾爷是想传位给挚的，要不然干嘛老让他带兵打仗呢。可咱们这位巫史大人，又想讨好新帝君，又想娶漂亮姑娘，好事全成他的了。"

守卫甲："呸，这小子准完蛋！"

守卫乙："对，这小子准完蛋！"

二

帝喾的宫殿里，巫史嘘拜倒。

巫史嘘："帝君。"

帝喾："知道我叫你来有什么事吗？"

巫史嘘："知道知道，我又想到赞美您的新诗句了。您听我给您朗诵一遍：帝喾高辛者，其色也郁郁，其德也巍巍。日月所照，风雨所至，莫不从服！"

帝喾："呸呸呸！你今天少给我来这个。我要跟你说犬戎的事，知道在前边犬戎杀了我多少人吗？你敢说你知道！还莫不从服，呸呸呸！"

巫史嘘："我不知道。"

帝喾："你说怎么办吧。"

巫史嘘："有办法，我给您画个符。自从听说有了战事，我就一直关心这个事儿，一直在画，这个符是我画了一个月，用十头大野猪的血搅在一起，画出来的，您把它贴在咱们军队……"

帝喾："这个没有用，你少骗我，给我想点儿有用的办法。"

巫史嘘："让帝子大人去打他们，一定攻无不克。"

帝喾："你说挚吗，我早有这样的打算，他过几天就出兵。但我还是没底，知道我最怕的是什么吗？你敢说你知道！我最怕的是这次的敌首，犬戎的吴将军。"

巫史嘘："那个敌首好像不姓吴，这个我考证过，吴应该是他们部落的名字，犬戎正确的叫法是戎吴，他是戎吴的将军……"

帝喾："你打断我说的话了你知道吗，你觉得自己什么都知道是吗？"

巫史嘘："不是，我不说话了，您接着讲。"

帝喾："我不想讲了，没心情了。"

巫史嘘："您讲吧！我绝对不多嘴了。"

帝喾："那个吴将军，最可怕的地方是什么你知道吗。"

巫史嘘："不知道。"

帝喾："是他手上的大石斧。他的力气太大了，他手上那大石斧一抡起来，我军就倒了一片，再一抡，又倒了一片，然后可就再也没人敢往上冲了。"

巫史嘘："……"

帝喾："你说怎么办吧。"

巫史嘘："我觉得，咱们老打不下犬戎，都是因为他，他壮了犬戎的士气。"

帝喾："我也是这样想，所以才派了挚去，去壮咱们军队的士气。"

巫史嘘："可是为了帝子大人的安全，他不能上战场吧。"

帝喾："对啊，他就站在战场后边的山头上，远远的看着，很安全。"

巫史嘘："……"

帝喾："你怎么不说话了？你心里想老东西这招一点用都没有，还是照样吃败仗，是不是。"

巫史嘘："不是。"

帝喾："算了，我其实也是这么想的。怎么能想个更好的办法，让咱们的士兵不要命的往前冲，我想，只要咱们的士兵不要命，或是谁能取了那贼首吴将军的性命，这场仗便能赢。"

巫史嘘："我有办法了！"

帝喾："快说。"

巫史嘘："您得答应我一个事，要不然我不说。"

帝喾："什么事，说来听听。"

巫史嘘："您把帝女许配给我。"

帝喾："我一直也没不答应啊，可我闺女她不乐意。"

巫史嘘："当爸爸的怎么能这样惯着女儿。您要强硬一些，我这事不就成了吗。"

帝喾："成，只要这仗能打胜了，我把闺女嫁给你。你说吧，是个什么法子。"

巫史嘘："您下令，不管是谁，只要能杀了敌首吴将军，您就把您最疼爱的小女儿嫁给他，这样一来，咱们军队的士气还能不上去？士兵们个个不要命，天底下娶不上媳妇的傻小子都来参军打犬戎，这仗还能胜不了？"

帝喾："不是你想娶她吗？别人把吴将军杀了，我把闺女嫁给他，你娶谁去？"

巫史嘘："杀不了，他们贼首看到我军勇猛浩大，还不跑到后面山头观战去，还能一个劲儿的往前冲？真是那样也没事儿，真要有个傻小子能把吴将军杀了，您就先把他带回来，给他封地和黄金，他要还咬着许婚帝女这事不放，您就把他毒死了，不然呢，真要是个奴隶把贼首杀了，您还真能把帝女嫁给个奴隶。"

帝喾："好，就照你说的办。"

三

巫史嘘："帝子大人。"

帝子挚："好！哈哈哈哈……"

巫史嘘："您明天就要带兵打犬戎了，我给您画了个符，自从听说有了战事，我就一直关心这个事儿，一直在画，这个符我画了一个月，用十头大野猪的血搅在一起画出来的，您把它贴在咱们军队的战车上，那些狗杂种的兵器就伤不了咱们了。"

帝子挚："好！打死他们！打死他们！"

巫史嘘："还有呢，您让我给您打探那事我打探清楚了，帝喾爷想传位给您。"

帝子挚："好！哈哈哈哈……"

巫史嘘："帝喾爷问我，是让挚大人去打犬戎，还是让放勋大人去打。我说让挚大人打，一定攻无不克。"

帝子挚："好！打死他们！打死他们！"

巫史嘘："还有还有，帝喾爷比较担心您的安危，是我给帝喾爷出的主意，让您站在战场后边的山头上，远远地看着，一定很安全。帝喾爷是这么嘱咐您的吧。"

帝子挚："好！打死他们！打死他们！哈哈哈哈……"

巫史嘘："这回您要是灭了犬戎，那还不是我这张符和这几句好话的功劳啊，您得答应我个事。"

帝子挚："说！"

巫史嘘："帝君一天比一天老了，真要是有那么一天，我看也不远了，您就是新帝君了。到时候，您把放勋的妹妹许配给我。"

帝子挚："好！我当帝君，你娶妹妹！"

四

帝女的小花园里，一个小伙子牵着一条狗，人和狗都在痴痴的看着眼前这个美丽的姑娘傻笑。

帝女："你傻笑什么？"

盘瓠："你真漂亮，一看见你我就想笑。"

帝女："我没问你，我问大杂毛呢。"

盘瓠："真是笑话，它是条狗，怎么听得懂你的话呢。"

帝女："它就是听得懂，是不是？"

大杂毛："旺旺！"

帝女："怎么样，是你说的，它最聪明了，杂毛狗最聪明了。"

盘瓠："是啊是啊，可有谁在乎呢，他们都喜欢纯种的，说什么色全为牺、体全为牲，有什么用，都是被宰了吃肉的命！没有人会在乎一只杂毛狗是多么的聪明，多么的有本事，他们只知道看血统，看血统！做狗也得生对了人家。"

帝女："你今天心情很不好，因为我吗？"

盘瓠："嗯。"

帝女："我不会随随便便嫁给不认识的人的。"

盘瓠："可你父亲说了，谁杀得了吴将军，谁就娶你，他对全天下人都说了，做帝王的不能说话不算数。"

帝女："你放心吧，他说话从来不算数。"

盘瓠："那我也不放心，就算他骗人，你最后还是会嫁给巫史嘘的，谁都看得出来，你父亲中意他。"

帝女："呸，那个恶心的人，我死也不嫁他。"

盘瓠："他怎么恶心了，大家都很敬重他，他写得一手好文章。"

帝女："敬重吗？是害怕吧。他其实比我父王还可怕还讨厌。你讨好他他就把你写成好人，你得罪了他他就把你写成坏人。他全靠拍老头子马屁活着了，什么生而神明，自言其名，恶心死了。哪有大活人生下来就会说话，还自己给自己起名字的，那不是妖怪吗。也就他能想得出来！"

盘瓠："过几天我就上战场了。"

帝女："什么？"

盘瓠："谁杀了吴将军他就把女儿嫁给谁，这可是他说的。"

帝女："那是谎话，他想骗那些人去送死。"

盘瓠："我知道，可我要是真的把吴将军杀了呢？他总不能耍赖吧。"

帝女："你凭什么。"

盘瓠："凭它呀。"

帝女："大杂毛？"

大杂毛："旺旺。"

盘瓠："对，那个吴将军，人杀不了他，狗呢。"

帝女："大杂毛不是只会去找丢在草丛里的玩具吗，你让大杂毛去上战场？去咬他？他手里是有武器的，太危险了。"

盘瓠："这两个月，我教会了大杂毛一项新的本事，专咬人的喉咙，一口下去，人就死了。它已经不是那只只会在草丛里找玩具的狗了。"

帝女："怎么可能，这种东西你是怎么让它学会的？"

盘瓠："很简单，在一个大活人脖子上抹上血，把他和大黄毛关在一起，我下命令，大杂毛扑上去咬。兽类是嗜血的，大杂毛一口就咬断了他的喉咙，这样每天一个人，一个月后，不用往人脖子上抹血，只要下命令，大杂毛就会扑上去咬了。"

帝女："你哪弄那么多大活人去。"

盘瓠："有，你父亲的奴隶。"

帝女："我觉得你变了，变得越来越可怕了，你快变成我父亲和嘘那样的人了。"

盘瓠："能得到你，我愿意变成他们那种人。"

帝女："大杂毛也跟着你一块变了，它的嘴上沾满了血，你有没有问过它愿意吗。"

盘瓠："它没变，它还是那么听我的话，还是那么温柔的看着你。"

帝女："你走吧，我今天不想再看见你了。"

盘瓠："我会回来的，活着回来，带着吴将军的人头活着回来。"

五

还是一个大清早上，守卫甲和守卫乙相互打了个哈气，聊起天来。

守卫甲："仗打完了，没想到这么快。"

守卫乙："是啊，打的太快了，谁想得到咱们能赢呢。"

守卫甲："听说帝子挚大人回来的时候一直嚷着打死他们、打死他们，都快乐疯了。"

守卫乙："谁能想到一个傻子带领的军队能打败那么一群野蛮人呢。"

守卫甲："听说吴将军是怎么死的了吗？"

守卫乙："听说了，是让一条狗给咬死的。当时他一斧子下去砸死了咱们一大片人，正在这时，战场上窜出了一条狗，直奔他喉咙咬去，他那斧子还没抬起来了，人就躺地上了。"

守卫甲："哈哈，一条狗把吴将军给杀了，那岂不是要把帝女许给一条狗。"

守卫乙："那怎么可能，这功劳得算在那条狗的主人身上。吴将军躺在地下后，那主人就冲过去把吴将军的头给割了下来。"

守卫甲："那狗还有个主人？"

守卫乙："当然了，（那狗一看就让人驯过，野狗能一下把人咬死吗？）你知道他是谁吗？盘瓠！"

守卫甲："给咱帝喾爷养狗的那个盘瓠？"

守卫乙："对啊，就是他，那小子三天两头往帝女的花园里跑，我早就知道有事，咬死吴将军的狗正是他养的那条大杂毛，这回啊，巫史嘘是彻底没戏了。"

守卫甲："别瞎说，你不要命了。"

守卫乙："怕什么，他俩说话就成一家子了，现在说什么也不碍事了。"

巫史嘘从王室大门里走了出来，从两人的背后走到了正前方。

巫史嘘："对，你们俩现在说什么也不用怕了。"

守卫甲："巫史大人！"

守卫乙："……"

巫史嘘："你们俩接着说。"

守卫乙："你偷听。"

巫史嘘："对，我从头听到了尾，你们俩好样儿的。"

守卫乙："你要告诉我们队长去？说我们俩不好好站岗，大清早上聊天？现在仗可打完了。"

巫史嘘："我不找你们队长去，太便宜你们了。我现在没想好，可我总会想好的，有法子治你们，你们俩给我好好的等着。"

守卫甲："您可别生气啊，我们再也不敢了，再也不聊天了……您慢走啊……"

守卫乙："……"

巫史嘘气哼哼的走远了。

六

帝女："我父亲要杀你。"

盘瓠："什么？"

帝女："我的侍女偷听到的，今天早上巫史嘘给他出的主意。"

盘瓠："他们俩怎么说的。"

帝女："嘘说，您就真打算把女儿嫁给他，一个养狗的。"

盘瓠："我早知道他会这样说。帝喾一定说，我也不想啊，那你说怎么办呀。"（二人开始模仿巫史嘘和帝喾）

帝女："杀了他。"

盘瓠："杀了他我怎么向天下人交待？"

帝女："不用交待，那些贱民每天都在聊这件事，说是一条大花狗把吴将军给咬死了。他们只知道是一条狗咬死了吴将军，不知道这条狗还有个主人。是狗杀的，不是人杀的，总不能把帝女嫁给条狗吧？"

盘瓠："可是那些大臣知道啊，跟他们怎么解释。"

帝女："盘瓠在割吴将军首级时被敌人的兵器刺伤了，化了脓，回来庆功时吃了一大盆羊肉，第二天发烧，死了。"

盘瓠："可是挚说盘瓠把吴将军的头割下来后，两军将士高高兴兴的扔下武器散了，没有人伤着他啊，要是有哪个大臣较真、死咬着这个事不放怎么办？"

帝女："您说他发烧死了，那就是发烧死了，没人敢较真，真要是有谁死咬着这个事不放，您就让他也发烧死了。"

盘瓠："对，让他们都发烧死掉！这么说，咱们，不明杀？"

帝女："对，不明杀！暗杀！把毒药放在羊肉里，毒死他。"

盘瓠："那他那条狗呢？他死了，那条狗怎么办。"

帝女："它是英雄，把它养起来，养的肥肥的，每天给它吃羊肉，没毒的。"

盘瓠："什么时候动手？"

帝女："今天晚上，今天晚上给盘瓠把羊肉送过去。"

帝女和盘瓠不再扮演巫史嘘和帝喾了，恢复了二人自己的身份在交谈。

盘瓠："今天晚上？今天晚上他们就要杀我？"

帝女："对，明天你就死了。"

盘瓠："我早知道会这样，我和那些被大杂毛咬死的奴隶是一样的。"

帝女："你别再发牢骚呢。"

盘瓠："那你说，我还能怎么样。"

帝女："走，逃走，带上大杂毛，在晚饭之前逃走。"

盘瓠："然后呢，他们知道我消失了，再也看不到我了，你父亲再把你嫁给巫史嘘，等你给巫史嘘生上几个孩子，到那时你也不会记得我了……"

帝女："我和你一块儿走。"

盘瓠："啊？"

帝女："你、我、还有大杂毛，咱们三个一起逃。"

盘瓠："你愿意吗？"

帝女："我愿意。"

盘瓠："有一天你不会后悔？"

帝女："不后悔。"

盘瓠："逃得掉吗，逃到哪不都是他的地盘吗。"

帝女："那就逃得远远的，逃到一个不属于他的地方。"

七

守卫甲："多少日子了？"

守卫乙："一年多了。"

守卫甲："你说咱们能找着吗？"

守卫乙："找不着，再找一年也找不着。"

守卫甲："可是有人说在南山看见过他们，这儿不就是南山吗，咱们快找到了吧。"

守卫乙："找不着，要我说啊，这大荒山的，他俩真在这儿，也得让狼给叼去了、老虎给吃了，要不然就是让大狗熊一巴掌给拍死了。"

守卫甲："死不了吧，他俩不是还带着那条大杂毛呢吗，那大杂毛可是咬死过吴将军啊，他俩私奔那会儿，那条狗不是还咬死了几个拦他们的守卫呢吗。"

守卫乙："你觉得那狗再凶，凶得过熊瞎子？"

守卫甲："死不了！他俩要真是让熊瞎子一巴掌给拍死了，回去以后巫史嘘就得一巴掌把咱俩给拍死，不，是一点一点给捏死！"

守卫乙："你找下去也是死。这地方太大了，山太多了，到处都是山，咱俩要是进去准迷路，非得困死在里面你信不信？不被困死也得让狼叼了、老虎给吃了，要不然就是让大狗熊一巴掌给拍死了。"

守卫甲："你害的！都是你害的！要不是你嘴欠，咱俩能落到今天这德性？就你什么都知道是吧？就你最聪明、就你什么都要说出来是吧？要是你能管住那张嘴，巫史嘘能在帝喾爷面前说咱俩坏话吗？能把找帝女这破事交给咱俩吗？"

守卫乙："对对对，我该多学学你，巫史大人好……呵呵……巫史大人您慢走……"

守卫甲："对，你要是学我，咱俩现在还看大门呢。"

守卫乙："好哇，坏人全我做，你在旁边听哈哈是吧，你这不也没得好吗，走，咱俩进山，一块儿死山沟里得了。"

守卫甲："行了行了，吵下去也没用，算是我错了，你聪明，你倒是想个办法啊，我听你的。"

守卫乙："要我说，找下去也是死，回去也是死，不如回去。"

守卫甲："回去？"

守卫乙："对，回去，现在回去还来得及，帝女跑了后，帝喾的身体一天不如一天了，咱们再耗上一年半载，帝喾一死，新帝君是谁？只能是帝子挚啊。放勋的亲妹妹和个野汉子私奔，丢了那么大的人，没戏了。帝子挚当了新帝君，还不是巫史嘘说了算，咱们更回不去了。"

守卫甲："那咱们今儿就往回走？"

守卫乙："往回走！"

守卫甲："可是回去怎么说呢，找了一年了，什么都没找到？"

守卫乙："我都想好了，就说是咱们到了南山，突然下起了大雨，刮起了大风，电闪雷鸣，山崩地裂。这是神明发了怒，不让咱们去打扰他二人。帝君即以许诺了天下，却又反悔，正触怒了神明，不由得他不信。"

守卫甲："你这些话听起来像是巫史嘘说的。"

守卫乙："所以才能让咱帝喾爷信嘛。"

守卫甲："好！咱俩往回走。"

守卫乙："往回走！"

八

一个大清早上，王室大门前的两个守卫相互打了个哈气，聊起天来。

守卫甲："听说帝女和盘瓠前几天回来了？"

守卫乙："你又逗我说话。"

守卫甲："我真的不知道嘛，你说说吧。"

守卫乙："是啊。"

守卫甲："听说还生了三个孩子？抱着一块儿来的，说是来看姥爷。"

守卫乙："是啊。"

守卫甲："真够能生的，一年生一个啊。听说帝喾爷可高兴了，快咽气的人了，一下子就精神了。"

守卫乙："是啊。"

守卫甲："你真没劲，你让巫史嘘吓破胆了吗，连话都不敢说了？"

守卫乙："不是啊。"

守卫甲："哈，随你便吧。咱俩能有这么倒霉吗，每次说他坏话都能让他听见？不能。"

守卫乙："是啊。"

守卫甲："我还听说了，帝喾爷一高兴，说是封了地，赐给他们好多座大山，好多条湖泊。"

守卫乙："是啊。"

守卫甲："你说这巫史嘘得气成什么样？人家媳妇也娶了，孩子也生了，父女和好了，还给了封地。生气，气死他！哈哈哈哈！"

这时候，一个青年人走到了王室大门前。

巫史嘘："哈哈哈哈！"

守卫甲："巫史大人……"

守卫乙："巫史大人。"

巫史嘘："接着说啊。"

守卫甲："我没说。"

巫史嘘："你最后那句我听见了，我怎么这么倒霉，每次你们两个说我坏话都被我听到。"

守卫乙："我没说话。"

巫史嘘："你们想看我气成什么样，现在看到了。"

守卫甲："我们下次不敢了，再也不说您了，来来来，我给您开门，帝君正等着您呢吧。"

巫史嘘："我哪也不去，我不想活了，他们连孩子都生了。你们也活不成，想白拿我开涮啊。"

守卫甲："别呀，何苦呢，为一个女人，您不值当的。"

巫史嘘："你不知道，这三年，我一闭上眼睛，看见的全是她。她现在倒是回来了，我一闭上眼睛，看见的全是她和她那几个小杂种。我一闭上眼睛，想到的全是她这些年是怎么过来的，住在山洞里，给那个男人洗衣服做饭，跟个仆人似的伺候他。和我原先想的一点都不一样！原本是她应该和我住在一起，我每天给她洗衣服做饭的。一想到这儿，我就想把她，和她的那些小杂种们，全杀光！把他们全杀光全杀光！"

守卫甲："您何苦呢。"

守卫乙："……"

巫史嘘："她为什么不喜欢我？为什么不喜欢我？"

守卫甲："我觉得吧，她觉得您是个骗子。"

巫史嘘："骗子？"

守卫甲："对，您把傻子写成智者，懦夫变成了英雄，只要您愿意，趴在地上的野兽也可以站起来行走。女孩们不喜欢这样的骗子，她们喜欢盘瓠那样的傻小子，带着可爱的小狗冲她们傻笑。"

巫史嘘："大家都是在骗嘛，他用他的狗，我用我的文字，凭什么她只信他的！你不知道她在我心里有多重要，从我第一眼看见她时，我就在想，有一天，我要和她在一起，然后让她给我生好多好多的孩子，我会把她和我的故事写在那些陶器上、牛骨头上，这样我和她就能永远的活下去了。结果呢，她竟然跟那个养狗的跑了！"

守卫甲："其实吧，您现在也可以把她的故事写在那些陶器上、牛骨头上。"

巫史嘘："凭什么？你让我去歌颂她和那个狗男人还有那些小杂种们有多幸福吗。"

守卫甲："我刚才说了，只要您愿意，您可以让趴在地上的野兽站起来行走。同样的，只要您愿意，站在地上行走的人也可以在地上爬行啊。"

守卫乙："……"

巫史嘘："我不明白。"

守卫甲："不明白？老百姓都说吴将军是谁杀的？"

巫史嘘："一条杂毛狗。"

守卫甲："他们只知道是一条杂毛狗咬死了吴将军，却不知道杂毛狗还有个主人，更不知道帝女和那个狗主人私奔的事。您把这个故事刻在那些陶器上、牛骨头上，过个几十年，大家都死了，谁还知道，后来的人，还不是您上边写什么他们信什么。"

巫史嘘："那你说我怎么写？"

守卫甲："您想啊，帝喾爷是怎么说的？杀了吴将军怎么着？"

巫史嘘："谁杀了吴将军便把女儿嫁给谁。"

守卫甲："对啊，您索性就把帝女嫁给这条狗。就是一条狗杀了吴将军，这狗没有主人。"

巫史嘘："好！太好了！我得给这个狗起个名字吧，叫大杂毛不太合适吧。"

守卫甲："名字还不是现成的？叫盘瓠，狗的名字叫盘瓠。"

守卫乙："……"

巫史嘘："太好了，帝有畜狗，其毛五彩，名曰盘瓠。怎么样？"

守卫甲："好文章！帝喾下了令，谁能杀吴将军便把女儿嫁给谁，结果是条狗杀的，帝喾想要赖，女儿却偷偷和这条狗私奔了，私奔这段您打算怎么写？"

巫史嘘："盘瓠得女，负而走入南山，止石室中。"

守卫甲："好，您这个负字用得好哇！这贱人骑着这条狗，逃到南山，便在山洞里住下了。"

守卫乙："……"

巫史嘘："你们俩后来不是找她们去了吗，没找着是吧，你们跟帝君说是神明发了怒，他竟真信。你们编的这段极好，足见他们是妖孽了，这对狗男女！我便这样写:帝悲思之，遣使寻求，辄遇风雨震晦，使者不得进。"

守卫甲："该写生孩子的事了，过了三年，生了孩子。"

巫史嘘："经三年，生子三人。"

守卫甲："既然是妖孽，便该让他们多生一些吧。"

巫史嘘："生子六人？"

守卫甲："还是少。"

巫史嘘："经三年，生子一十二人，六男六女。够多了吧！"

守卫甲："好嘛，这回真成狗了！哈哈哈……"

巫史嘘："哈哈哈哈……"

守卫乙："……"

巫史嘘："这就完了？还是不解气。"

守卫甲："我还有个损招。"

巫史嘘："说说。"

守卫甲："我听人家说，那些住在山洞里的人啊，他们，哥哥和妹妹生私孩子，搞弟媳妇、偷小叔子。"

巫史嘘："什么意思？"

守卫甲："盘瓠既然是条狗，活不到十年也就死了吧。他一死，他的这些孩子们，自己搞上了，动物嘛，就是喜欢干这些个兄妹杂交的勾当。正好又是六男六女，三对儿。够解气了吧。"

巫史嘘："解气！盘瓠死后，因自相夫妻。"

守卫甲："这时候您再写帝女带着孩子们回来了，回来看姥爷，帝喾给了封地，您把地名写上，让他们俩的子子孙孙都抬不起头来，都说他们是狗日的！"

巫史嘘："帝君赐以名山广泽，其后滋蔓，号曰蛮夷。"

守卫乙："……"

由狗祖盘瓠想到的

　　狗见于正史者多矣，然而所述年代最久远，内容最有趣的，便属这篇狗祖盘瓠了。

　　狗祖盘瓠的故事最早见于《后汉书·南蛮传》，再晚些时候干宝的《搜神记》也有录述，二者相差不多，这里我只引用《后汉书》的记载：

　　高辛氏（帝喾）与犬戎开战，久征不克，于是访募天下，能杀敌首吴将军者，赏金封爵，还把自己的小女儿嫁给他。帝喾养了一条狗，叫盘瓠，下令之后，盘瓠衔着吴将军的人头来到了帝喾的王宫前，帝喾大喜，却因盘瓠是条狗，既无封爵之道，更不可妻之以女。正苦恼间，帝女来找父亲，认为帝皇下令，不可违信，想要和盘瓠一起离开，帝喾不得已答应了。帝女骑在盘瓠的背上，来到了南山，在石室中住下了。帝喾想女儿了，派使者去找，使者遇到了暴风雨，怎样也找不到。三年后，帝女与盘瓠生了一十二人，六男六女。盘瓠去世后，它的这些儿女互相结成了夫妻，帝女回到了帝喾身边，没多久把那些孩子也迎回来了。但他们喜欢住在山里，并不喜欢住在平坦的土地上，帝喾顺其心意，赐给他们好多名山广泽，号曰蛮夷。

　　我对这个故事感兴趣，是因为里面有关犬的训练技术——扑咬。

　　我对这条史料存疑，因为我不信一条没有经过训练的狗，会咬死一个人，并且是在乱军中直杀敌首（纵不是两军开仗，在敌营中一条未经训练的狗咬死敌首也是很难的吧）。所以，在不否定这条史实的真实性的前提下去构想，我猜测这是一条经过训练的犬。

　　其实犬以扑咬技术击杀人类，这在中国的史料中多有记述，如晋灵公曾以大獒袭击权臣赵盾，赵盾亡走，赵穿弑灵公，赵盾复归，重持国政，引发了著名的太史董狐书"赵盾弑其君"事件。只不过中国史家惯于录道不录术，既不懂训犬技术，也不屑记录，是故以讹传讹者有之，妖化神化者有之。但在我看来，这是一条经过扑咬训练的犬。在《左传·宣公二年》中，有一句话不可能引起史家的注意，却极重要，"公嗾夫獒焉，明搏而杀之"，这个"嗾"字何解？宣公下令，说了一声"嗾"，让獒犬扑咬赵盾。"嗾"是一个扑咬的口令，好比当代扑咬技术通用术语为"袭"（一声）一般，说明春秋时期，扑咬技术便已形成很完善的体系了。今之扑咬技术，以护具加身，命犬袭其肘臂为常，不为致人死命，只求令暴徒丧失攻击能力为佳。上古之时，科技蒙昧，自然不会有训犬护具，如何训练？如何致人死命？我在剧本《狗祖盘瓠》中写道，杂毛神犬击杀戎吴将军，乃断其咽喉，至于训练之法，我也在剧本中有所记述。此种犬，我名其曰"断喉犬"。我一生训犬之多，曾驯化过三种凶煞之犬，曰：断喉犬、破膛犬、碎阴犬。这种上古之术，由于太过阴损，早被历史一点一点的淘汰了。

前几年，有个德国警犬界的朋友和我聊天，似乎对中国的训犬技术不大以为然，说中国并无训犬文化，甚至连犬文化都没有，我便对他讲了那个故事，并说了我的那些自以为是的论断，令他很是惊奇。除了"神犬败寇"、"赵盾弑君"这两个有名的关于扑咬技术的史料，我还对他讲了"陆机的黄耳"这则典故。这则典故被记载于祖冲之的《述异记》里，没有得到太大的重视，一直被当做志怪类的趣谈，但它确是有关中国训犬技术、训犬文化的不可多得的珍贵史料。

　　"陆机少时，颇好猎。在吴，有家客献快犬，名曰黄耳。机后仕洛，常将自随。此犬黠慧，能解人语。又尝借人三百里外，犬识路自还，一日至家。

　　机羁官京师，久无家问，因戏犬曰："我家绝无书信，汝能赍书驰取消息不？"犬喜摇尾作声应之。机试为书，盛以竹筒，系之犬颈，犬出驿路，疾走向吴。饥则入草噬肉取饱。每经大水，辄依渡者，弭耳掉尾向之，其人怜爱，因呼上船。载近岸，犬即腾上以速去，先到机家口，衔筒作声示之。机家开筒取书，看毕，犬又向人作声，如有所求；其家作答书，内筒，复系犬颈，犬既得答，仍驰还洛。计人程五旬，而犬往还裁半月。"

由于史料珍贵，我附录原文。一共是两段，这两段文字记述的是两种训犬技术。

第一段讲的是，陆机在吴地时，有"客"向他献了这只叫"黄耳"的犬。后来陆机去洛阳做官，常常把黄耳带在身边。后来陆机把"黄耳"托管在了三百里外的朋友家，让朋友照养，"黄耳"想念陆机，竟自己找回了家门。

这里用到了一门训犬之法，叫"寻迹"，后来的训犬技术"追踪"便脱胎于此。所谓"寻迹"，实是狗的一种本能。现代人用公路，坐汽车，那些汽油和尾气早把柏油路上人的气味、建筑物的气味消磨殆尽，犬想寻迹是很难的。在古代则不同，古代是马路、土路，到处是各种生物、植物的气味，还有那些尿骚味，都是犬用来"寻迹"的标识。前文中言到：机后仕洛，常将自随。陆机经常把"黄耳"带在身边，"黄耳"早对洛阳一带的地理环境熟识巡视了个遍，后"黄耳"被送到友人家中，晋朝人用牛车、马车代步（见同时期阮籍的"哭穷途"），沿途的各种气味可以被保留下来，是故虽三百里外，"黄耳"却能寻迹回到家中。

如果你认为第一段只是巧合，那第二段有关训犬技术的记载实在是太详细太专业了。

陆机在京师做官久了，很久没有收到家中的书信了，对黄耳说："你能给我送个信不？"黄耳摇尾做声应之，陆机将书信放入竹筒，系在黄耳的脖子上，黄耳便向吴地奔去……到了陆机吴地家门口时，嘴巴衔着竹筒吠叫，待陆机的家人打开竹筒看完书信，黄耳又向家人吠叫，家人将回信装入竹筒中，挂在黄耳脖子上，黄耳便又原路返回陆机所在的洛阳……

这简直就是一段关于训犬技术中传递信息科目的完整记录。

考虑到汉代已设有"狗监"的官职，负责皇室猎犬的驯养管理，训犬技术已渐渐的形成了体系，而陆机是晋人，又是吴郡的望族，那个"客"献给他的"黄耳"应是一条（经过系统训练）具备"寻迹"、"信息传递"

等基础科目技能的犬。

那位德国朋友听完这些后便信服了。

回过头来再说我那篇《狗祖盘瓠》，这是一篇游戏文字，我想，那五色杂毛犬既是一条经过训练的扑咬犬，总该有个主人吧，于是一切都那么顺理成章了：狗的主人叫盘瓠，带着训练有素的杂毛犬咬死了吴将军，由于出身低微，娶不了帝女，只好私奔。又因巫史嘘（虚构人物）曾追求帝女而不得，怀恨在心，将历史篡改，盘瓠变成了狗，帝女嫁狗，其子孙皆为人兽杂交。

值得一提的是，这篇小文中还有两个真实的历史人物：帝子挚和帝子放勋（放勋被我设计成帝女的亲哥哥）。这两个人物的出现，是为了让这则被"篡改"过的传说能流传下来显得更为合理一些，即帝子挚昏庸残暴，曾和放勋争帝位，有仇怨，后来做了帝君，所以才会对巫史嘘丑化帝女置之不理。而放勋因为对妹妹做了有辱门楣的事而在帝位之争中失势，兄妹决裂后，也对此传说默然（帝挚立，不善，崩，放勋代立，就是后来的帝大尧）。

这些并没有在文中明确写出，却也隐隐的表达出来了。五帝之时，连甲骨文、金文都还未出现，最多不过能画出几个"记号陶文"，自然也就不会有什么巫史嘘写下"帝有畜狗，其毛五彩，名曰盘瓠"的完整文句，我只是想借这个小故事表达出"历史是被篡改过的"罢了。

由此回到本文正题，"由狗祖盘瓠想到的正史犬文化"。我把"盘瓠"虚构成了一个训犬的人，猜测，也不失为一种可能性。但至少他不会是一条狗，只能是一个人。如果他真的是蛮夷部落的祖先的话，他只能是一个人，不会是一条狗，他的后代更不会是什么人兽杂交兄妹乱伦的产物。

那这种正史的用义何在？无他，是为了诋毁。诚然，你可以跟我说，这是一种图腾崇拜，是神话，是敬畏，不说别人，还只说帝喾，他的次妃，露天洗澡时，见"玄鸟坠其卵"，她捡起来给吃了，怀孕了，生了个儿子叫"契"，这个"契"便是殷的祖先；帝喾的元妃是踩巨人脚印而受孕；再往后，秦的先人也是看见"玄鸟陨卵"，吃了，受了孕，生孩子。一直到汉朝刘邦母亲"蛟龙缠身"而受孕，也都非人所生。但你要知道，这些都是符合华夏正统的"龙蛇图腾""凤鸟图腾"崇拜，那些都是神明，而非牲畜，不然你看哪个华夏帝君是狗生出来的？

正史中，关于那些非人所孕育出的明君，有两种条件，第一，是神明的子孙；第二，多数是无性受孕。并且以上古时期为最。所以，狗祖盘瓠就显得很有问题了。

"帝有畜狗，其毛五彩，名曰盘瓠。"点明盘瓠为狗，是畜类，而非神明（"其毛五彩"之句是为了掩盖"帝有畜狗"的露骨描写，更何况"其毛五彩"也非好话）。比它晚些时候的《搜神记》或许觉得这样太露骨，于是又在前面加了一段很有意思的文字：

"高辛氏有老妇人，居于王宫，得耳疾历时。医为挑治，出顶虫，大如茧。妇人去后，置以瓠篱，覆之以盘，俄尔顶虫化为犬，其文五色，因名盘瓠，遂畜之。"

在帝喾的宫中，居住着一位老妇人，得了耳病很久不好。医生从他的耳朵里挑出一条顶虫，像蚕茧那么大，老妇人把它放在在"瓠篱"里，用盘子盖上，不一会儿顶虫变成了一条狗……

《搜神记》成书较《后汉书·南蛮传》晚，但除去"因名盘瓠，遂畜之。"之前加的这一段落，后面的内容几乎和《南蛮传》中的记载一字不差，为什么？就是为了淡化"帝有畜狗……名曰盘瓠"。尽力掩盖盘瓠为畜之事，将盘瓠向神明靠近，但最终的目的还是"遂畜之。"从这一段落的添加上来看，干宝相较于范晔是狡猾的。这也就是为什么后来一些少数民族的创世神话中，那些口耳相传的歌谣里，多采用《搜神记》这个版本，并深信不疑。

再看后来的描述，盘瓠和帝女私奔到南山，住进石室之后，那两本书的记载。《后汉书·南蛮传》"经三年，生子一十二人，六男六女。盘瓠死后，因自相夫妻。"《搜神记·狗祖盘瓠》"经三年，产六男六女。盘瓠死后，自相配偶，因为夫妇。"在盘瓠死后，他的六个儿子和六个女儿互相结成了夫妻，繁衍了后代。

正史中哪有"神明"所繁衍出的后代或氏族先祖的子孙是兄妹"自相

夫妻"的? 那些和自家姐妹或亲属女性有染的诸侯王,下场也多是"国除、自缢"。要知道,这不是希腊神话,儿女自相夫妻的生不出盖世英雄,生出来的只能是傻子。正如后文中写道:"衣裳斑斓,言语侏离,饮食蹲踞,好山恶都……外痴内黠,安土重旧。"说他的后代们喜欢穿花衣服,说人听不懂的话,蹲在地上吃饭,不喜欢住在城市里而喜欢住在山里。外表愚蠢,内心狡猾。总之,是异于人而近于兽。

将前面说的那些总结一下,这则有关蛮夷创世祖先的传说,有悖于华夏正统的共是三点:第一,盘瓠是畜,而非神明;第二,盘瓠子孙乃人兽杂交,而非无性生殖;第三,其子孙后代为兄妹乱伦的产物。由此得出结论,《后汉书·南蛮传》的意图是在诋毁、羞辱蛮夷部落。

这并非是什么范晔用心险恶,而是很正经的正史笔法,正如一写到游牧民族必是"逐水草而居"的狡猾笔调。华夏文化中,每当遇到彪悍的异族时,无奈兵戈,只好逞口舌之利,于是乎那些强敌,若非兽类,便是鬼类,这实在是很孩子气的做法,好比一个学生,受了同班流氓的欺辱,打不过,只好背后偷骂几句。但这又是其可爱之处,因为我们的民族从来都不是一个好战的、有侵犯性的民族,而是一个游戏性强、崇尚文辞的民族。

常福茂于紫禁城南薰殿"大内犬舍"

二〇一二年岁末